煤矿智能化技术全景

杨木林　刘宇博　郭　波　著

天津出版传媒集团

天津科学技术出版社

图书在版编目（CIP）数据

煤矿智能化技术全景 / 杨木林，刘宇博，郭波著 .
天津 ：天津科学技术出版社，2024. 9. -- ISBN 978-7
-5742-2445-2

Ⅰ．TD82-39

中国国家版本馆 CIP 数据核字第 2024W6B278 号

煤矿智能化技术全景
MEIKUANG ZHINENGHUA JISHU QUANJING

责任编辑：吴　頔
责任印制：兰　毅

出	版：	天津出版传媒集团 天津科学技术出版社
地	址：	天津市和平区西康路35号
邮	编：	300051
电	话：	（022）23332377
网	址：	www.tjkjcbs.com.cn
发	行：	新华书店经销
印	刷：	河北万卷印刷有限公司

开本 710×1000　1/16　印张 18　字数 240 000
2024年9月第1版第1次印刷
定价：98.00元

前　言

　　本书旨在全面探讨煤矿智能化技术及其在现代煤矿行业中的广泛应用。煤矿作为能源工业的重要组成部分，其生产效率和安全水平直接关系到能源供应的稳定性和工业生产的安全性。随着技术的发展和工业自动化的不断深入，智能化技术在煤矿行业的应用成为提高生产效率、确保安全生产的关键。

　　本书分为 8 章，系统地介绍了煤矿智能化技术的各个方面。

　　第 1 章"煤矿智能化综述"提供了关于煤矿智能化建设的基础知识，技术发展历程，以及其在现代煤矿行业中的重要性。这为读者理解后续内容奠定了坚实的基础。

　　第 2 章"煤矿智能化技术在煤矿地理信息系统中的应用研究"探讨了地理信息系统在煤矿中的应用，涉及系统的进展、理论框架和关键技术。

　　第 3 章"煤矿智能化技术在矿井通信技术中的应用研究"则着眼于矿井通信技术，从其发展历程到有线与无线通信技术，以及矿井综合通信网络的构建和安全防护进行了全面讨论。

　　第 4 章"煤矿智能化技术在综掘工作面的应用研究"和第 5 章"煤矿智能化技术在综采工作面的应用研究"分别针对综掘工作面和综采工作面中的智能化技术进行了深入分析，涵盖了施工流程、设备智能化技术路径等方面。

　　第 6 章"煤矿智能化技术在主运输系统的应用研究"聚焦于煤矿主

运输系统，包括带式输送机和矿井提升机的智能控制技术。

第 7 章"煤矿智能化技术在煤矿安全方面的应用研究"详细讨论了智能化技术在提高矿井安全性方面的应用，包括通风、瓦斯防治、火灾防治和粉尘防治等。

第 8 章"煤矿智能化技术在选煤方面的应用研究"深入探讨了选煤智能化技术，涵盖了选煤厂集中控制系统、重介质分选过程、浮选过程的智能化控制，以及选煤机电设备的在线检测与故障诊断。

煤矿智能化技术的引入是对传统煤矿行业的一次重大革新，通过高效的数据处理和通信技术，智能化技术能够实时监测矿井的运行状态，预测潜在的风险，并实现资源的最优化配置。这不仅提高了煤矿的生产效率，也极大地增强了工作场所的安全性。在矿井通信方面，智能化技术通过提供稳定的通信网络，保障了地面与井下之间的无缝通信，极大地提高了应急响应的效率。

智能化技术在提升矿井设备的操作效率方面同样也起到了重要作用，通过对综掘工作面和综采工作面的智能化改造，煤矿能够实现更高的自动化水平，减少了对人工的依赖。综采工作面的智能化不仅优化了采煤机的运行，还提高了液压支架的操作效率，从而确保了生产过程的连续性和稳定性。

煤矿智能化技术还在煤矿安全管理方面发挥了关键作用。它通过实时监测矿井的环境参数，如瓦斯浓度、通风状况、火灾和粉尘水平，有效预防和控制了矿井的安全风险。煤矿安全方面的智能化技术还包括煤层气的地面抽采技术，这不仅减少了瓦斯爆炸的风险，还提高了煤层气的利用效率。

本书旨在为研究人员、工程技术人员、矿井管理者以及相关专业学生提供全面、深入的理论和实践指导，助力煤矿行业的智能化和可持续发展。

目 录

第 1 章　煤矿智能化综述

现如今智能化技术已经深入到各行各业的方方面面，从生产与生活的各个层面为人类社会带来了切实的改变。

以煤矿智能化为基底，智慧矿山是一个新兴的、发展中的概念，是理论性和实践性都很强的多学科交叉的前沿技术。目前，对"智慧矿山"没有统一的定义，许多学者根据自己的观点进行定义。

由中国职业安全健康协会牵头组建的智慧矿山联盟认为，智慧矿山是对生产、职业健康与安全、技术和后勤保障等进行主动感知、自动分析、快速处理的无人矿山。智慧矿山的本质是安全矿山、高效矿山、清洁矿山，矿山的数字化、信息化是智慧矿山建设的前提和基础。[1]

1.1　煤矿智能化与智慧矿山

1.1.1 智能化概述

智能化是现代科技发展的阶段性成果，代表着技术进步影响和改变人类生活和工作的方式。智能化的核心在于使系统、设备或工具具备类似人类智能的能力，能够自主感知环境、处理信息、做出决策并执行任

---

① 邹光华，师皓宇.采矿新技术[M].徐州：中国矿业大学出版社，2020：244.

务。这种能力的实现依赖于一系列先进技术的融合，包括但不限于人工智能、机器学习、大数据、云计算、物联网和自动化技术。智能化的实质是使用技术手段扩展、增强甚至模拟人类的认知和执行能力，使机器能够更加智能地与人类和环境互动。

对于"智能"，目前还没有很明确的定义。"智慧"和"能力"合称"智能"。人工智能的概念也在不断扩展。人工智能是对人的意识、思维的模拟，不仅能像人那样思考，而且也可能超过人的智能。[①]

在智能化系统中，感知能力是基础。这种能力使系统能够通过传感器等设备收集外部信息，如温度、压力、图像、声音等数据。记忆能力则使系统能够存储和回顾这些信息，为后续的处理和决策提供基础。思维能力是智能化系统的核心，它涉及对收集到的信息进行分析、计算和处理，形成可用的知识和见解。学习和自适应能力使智能化系统能够不断从经验中学习，优化其性能和响应，适应环境的变化。决策行为能力使系统能够基于分析和学习的结果做出决策，并通过机械操作或其他方式执行这些决策。

智能化的应用范围广泛，从日常生活中的智能家居、智能手机到工业生产中的自动化设备和智能制造系统，再到服务行业中的智能客服和机器人等。在这些应用中，智能化系统通过提高效率、减少人力需求、提升决策质量和执行精度等方式，为人类社会的发展贡献力量。

智能化与自动化虽然密切相关，但二者有本质的区别。自动化强调的是机械化或电子化的过程自动执行，而智能化则强调的是过程中的智能决策和自适应调整。智能化系统不仅能够按照预设程序运行，还能够根据环境变化和任务需求进行自我调整和优化。这种能力使得智能化系统在复杂和变化的环境中具有更大的灵活性和适应性。

---

① 林俊明，沈建中.电磁无损检测集成技术及云检测／监测[M].北京：机械工业出版社，2021：210.

1.1.2 智能化技术在煤矿业的应用

智慧矿山就是在现有煤炭综合机械化的基础上，进一步实现智能化发展的整合过程，是一个多学科交叉融合的复杂问题，涉及多系统、多层次、多技术、多专业、多领域、多工种相互匹配融合。[①] 其核心标志在于"无人"作业，包括开采面、掘进面、危险场所以及大型设备的无人作业，最终实现整座矿山的无人作业。在这一模式下，矿山的各个方面都在智慧机器人和智慧设备的操作下完成。智慧煤矿的总体目标是形成煤矿智慧系统完整、全面智能运行、科学绿色开发的全产业链运行新模式。[②]

智慧矿山的构建是基于物联网、云计算、大数据、人工智能等先进技术的集成。这些技术的应用使得矿山能够通过各类传感器、自动控制器、传输网络、组件式软件等形成一套智慧体系。这一体系能够主动感知环境变化、自动分析数据，依据深度学习的知识库形成最优决策模型，并对各环节实施自动调控。这样的智慧矿山能够在设计、生产、运营管理等环节实现安全、高效、智能、绿色的目标。

智慧矿山建设的推进，能够改变原先煤炭企业粗放发展的方式，成为实现煤矿高质量发展的重要支撑。通过分析智慧矿山发展的背景、国家和地方政府出台的相关政策及其成就，可以深入理解煤矿智能化发展所面临的管理和技术挑战。智慧矿山的未来发展框架应从设备感知层、网络传输层、数据支撑层、应用决策层四个维度进行构建。实现智慧矿山高质量发展的关键技术包括信息化网络架构、安全生产管控模式、智能决策和态势分析模式等。最后，提出促进智慧矿山高质量发展的对策

---

① 赵学军，武岳.煤矿技术创新能力评价与智慧矿山 3D 系统关键技术 [M].北京：北京邮电大学出版社，2022：105.

② 刘刚，闫家正，韩希才.薄煤层高效开采技术 [M].徐州：中国矿业大学出版社，2020：68.

建议，对于推动煤矿行业的现代化和可持续发展具有重要意义。煤炭行业自实现综合机械化开采以来，已经逐渐普及自动化开采，并进入智能化开采阶段，同时智能化煤矿和智能化矿井概念逐步清晰，标准规范逐步完备，为大规模推广应用奠定了基础。①

1.2　煤矿智能化技术发展概述

煤矿智能化技术的应用是煤炭行业发展的重要趋势，尽管在全球范围内煤炭开采的智能化水平与电力行业、汽车制造业等行业相比仍有差距，但近年来依旧取得了显著的进步。特别是在一些发达国家，智能化技术在煤炭开采领域的应用已经走在了前列。例如澳大利亚和美国在煤层地质探测、智能制造和智能开采等方面的研究成果尤为突出。澳大利亚联邦科学院的 LASC 技术（长壁工作面自动化系统）和美国 Joy 公司的 IMSC 技术（远程智能增值服务系统）是其中的代表。澳大利亚的研究重点在于煤矿综采自动化和智能化技术，已经取得了采煤机三维精确定位、工作面矫直系统和工作面水平控制等技术成果。而美国 Joy 公司则推出了适用于长壁工作面的远程智能增值产品／服务系统，该系统利用物联网技术实现煤机装备的远程分析，能够实时监控煤矿设备运行，为矿井生产提供指导，有效提高产能和效率。

中国煤炭行业在智能化技术应用方面同样取得了显著成就。通过引进国外先进技术和装备，结合国内实际情况，中国煤炭行业不仅消化、吸收了相关技术，还实现了自主创新，形成了新的煤炭工业装备技术体系。在研究开发方面，中国煤炭行业已经开发了各类智能化新技术，如矿山地理信息系统、矿山通信技术、移动目标定位技术等，并在煤矿生

---

① 　郭文兵 . 矿井特殊开采技术 [M]. 徐州：中国矿业大学出版社，2021：386.

产过程的各个工艺环节实现了智能化技术的应用。这些技术的应用不仅提高了煤矿的生产效率和安全水平，还为煤炭行业的可持续发展提供了技术支持，矿山地理信息系统能够提供矿区地质信息的精确图像，帮助矿工更有效地规划开采活动；矿山通信技术则确保了矿区内部通信的顺畅，提高了应急响应的效率；移动目标定位技术则在提高矿工安全方面发挥了重要作用。

1.2.1 地理信息系统

地理信息系统（GIS）在矿山智能化技术不仅是数字化矿山建设的基础，更是连接各个矿山业务和流程的关键技术。经过多年的发展和研究，GIS 已经能够通过空间地理坐标组织构建矿山信息模型，实现对矿山资源、地质勘探、矿山开采及地下水资源的三维建模和可视化展示。这种三维建模和可视化技术的应用，为矿山的管理和运营提供了前所未有的透明度和效率。通过 GIS，矿山管理者能够在统一的平台上集中展示井下人员定位、视频监控、辅助运输、带式输送机运输、提升设备、安全监测、瓦斯抽采、供电、排水及大型机电设备等大量监控系统。这不仅极大地提高了矿山运营的效率，也为安全管理提供了强有力的支持。

GIS 在煤矿生产与安全管理、灾害分析与防治、应急救援及无人开采等多业务的协同与信息透明共享方面发挥着关键作用。在生产管理方面，GIS 能够提供实时的矿山生产数据，帮助管理者做出更加精准的决策。在安全管理方面，GIS 的应用可以及时发现潜在的安全隐患，比如通过监测瓦斯浓度和井下人员分布，有效预防瓦斯爆炸等事故的发生。在灾害分析与防治方面，GIS 能够提供灾害发生的详细信息，帮助管理者制定更加有效的预防和应对措施。在应急救援方面，GIS 提供的实时数据和三维模型能够帮助救援团队快速定位事故点和受困人员，有效指导救援行动。在推动无人开采方面，GIS 的应用也是不可或缺的。它能够提供精确的矿区地图和资源分布信息，为无人机械设备的精准操作提供数据支持。

1.2.2 矿山通信技术

在现代矿业中，智能化技术的有效运行依赖于强大且可靠的通信网络。这种网络不仅需要支持大量数据的传输，还要保证在复杂的矿山环境中的稳定性和实时性。目前煤矿行业已经广泛应用了冗余工业以太网，这种网络技术能够提供千兆级甚至万兆级的网络带宽，有效解决了井下大量视频数据传输的问题。视频监控在矿山安全管理中扮演着重要角色，高带宽的网络使得井下的视频监控更加清晰、流畅，大大提高了监控的效果和安全管理的效率。

井下无线通信技术的发展也是矿山智能化技术应用的重要组成部分。从早期的小灵通、3G 通信技术，发展到现在的 LTE-4G 通信技术，无线通信技术在矿山中的应用已经取得了长足的进步，LTE-4G 通信技术的推广应用为矿山智能化技术的发展开启了新的阶段。目前 5G 技术已经进入井下研究与应用测试阶段，5G 技术以其高速率、低延迟的特点，可以支持更高清的视频传输和更快速的数据交换，这对于实时监控矿山生产活动、及时响应安全事故具有重要意义。5G 技术还将为无人驾驶设备、远程控制系统等智能化应用提供强有力的通信支持。

1.2.3 综采工作面智能化

综采工作面作为煤矿生产的关键环节，其智能化技术的研究和应用一直是煤炭行业内的难点和热点。在过去的十年中，中国的许多煤矿对各种无人开采技术进行了深入的研究和示范性应用，这些技术已经在大采高、中厚煤层、薄煤层及放顶煤工作面得到了应用。这一进展标志着中国煤炭行业在智能化无人开采技术方面取得了重要的突破。目前，中国已经攻克了部分综采成套装备的关键技术，如感知、信息传输、动态决策、协调执行和高可靠性等。特别值得注意的是，智能开采控制技术的发展打破了传统的以单机智能化为主的研发思路，建立了以"主采机组"为整体控制对象的系统概念。

在这种新的研发思路下，工作面上的所有设备被视为一个大型的"采煤机器人"的组成部分。这些设备，包括采煤机、支架、刮板输送机等，都是这个大型"采煤机器人"的单机设备。所有这些单机设备通过控制中心进行联络和控制，从而形成一个协调一致的整体。在这个系统中，整个回采过程就变成了这个"采煤机器人"整体移动的作业过程。这一过程实现了自动落煤、自动装煤、自动运煤、自动支护、自动行走等功能，从而实现了对综采成套装备的协调管理与集中控制。在地质条件较好的煤矿，已经实现了综采成套装备井下及地面的智能化远程控制，其技术和实际应用达到了国际领先水平。

这种智能化的综采技术不仅提高了煤矿的生产效率和安全性，还引领了中国煤炭科学开采的发展方向。通过智能化技术的应用，煤矿的生产过程变得更加自动化和高效，同时也大大降低了劳动强度和安全风险。这些技术的发展和应用，不仅对中国煤炭行业的现代化和可持续发展具有重要意义，也为全球煤炭行业的智能化发展提供了宝贵的经验和参考。未来，随着技术的不断进步和完善，智能化的综采技术将在提高生产效率、保障矿工安全、减少环境影响等方面发挥更加重要的作用。

1.2.4 掘进系统智能化

掘进作为煤炭开采的重要工序，其效率直接影响着煤炭生产的整体效能。在中国，大型煤矿已普遍采用综合机械化掘进方式，这标志着煤矿掘进工艺的现代化步伐。然而许多工作面仍面临着掘支不平衡、采掘衔接失调等问题，这些问题的存在严重影响了掘进效率和安全性，因此提高掘进效率成为近年来研究的主要方向。这方面的研究内容包括新的截割技术、快掘系统成套装备集成技术，以及掘进装备智能控制技术。

智能控制技术的研究涵盖了智能导航、全功能遥控、智能监测、故障诊断与预警、数据远程传输等多个方面。

近年来，中国煤炭企业在提高掘进效率方面取得了显著成果。特别是"掘支运三位一体高效快速掘进系统"的开发，这一系统的实施打造了协调、连续、高效的掘进工作面，实现了减人增效，推动了煤矿生产技术与工艺的变革。在这一系统中，核心单机装备已实现远程控制、自动及半自动化运行。通过多功能集成和智能控制，该系统实现了平行作业，显著提高了掘进进尺。这种技术的应用不仅提高了掘进效率，还提升了工作面的安全性和可靠性。

1.2.5 煤矿运输系统智能化

煤矿生产的主要设备包括带式输送机、提升机、主排水泵、压风机和主要通风机等，随着中国企业生产规模的不断提升，这些固定装备正朝着大功率、智能化、节能环保的方向发展。在装备制造、电气传动、智能控制等方面，中国已取得了显著的进步，其中带式输送机控制技术的发展尤为突出。通过采用智能保护技术、智能调速技术、煤流监测技术和顺起顺停技术，实现了主运输系统的远程集中控制，达到了减人增效、节能降耗的目标。多机分组功率平衡控制技术的应用解决了长距离带式输送机运行振荡问题，满足了重载起动、动态张力均衡控制、速度同步及功率平衡等工况要求。

矿井提升机控制方面，数字调速装置的应用实现了全数字、网络化控制，精确的位置速度调节使部分主井提升机达到了自动装卸载及无人操作的自动化控制水平。在矿井主要通风机和压风机控制方面，先进的监测控制技术实现了自动调速、节能控制、远程在线监测，技术上达到了无人值守的控制水平。井下主排水泵控制采用了视频监视与图像识别技术，实现了水泵房设备的远程可视化操控，自动轮换水泵，根据水仓水位自动起停泵，根据用电峰谷实现避峰填谷运行。这些系统通过远程数据监控平台，实现了设备故障诊断、智能分析、故障应急处置、远程管理等功能，减少了井下现场值守人员，提升了煤矿固定设备的智能化水平。

煤矿辅助运输作为煤矿运输系统的重要组成部分，其技术装备水平直接关系到辅助运输的效率和生产安全。目前中国辅助运输装备技术发展迅速，总装机功率不断增加，智能化水平也得到了显著提升。例如防爆电喷柴油发动机、防爆蓄电池动力车、车载智能终端等的研制开发，以及"基于物联网的井下智能交通管理系统"的开发，集成了井下巷道信号管理、车辆精确定位、车辆防撞预警、车辆测速管理、车辆智能调度等功能。这些技术的应用，通过地理信息平台和宽带无线通信技术对车辆实现集中调度与管理，推动了煤矿井下辅助运输的智能化进程，对煤矿安全高效生产起到了重要作用。

1.2.6 煤矿安全监控系统智能化

中国煤矿安全监控系统在通风、防尘、防火、防瓦斯、防治水及地测等领域经过多年的研究与开发，已经取得了全面的发展。这些技术的进步不仅提高了煤矿的安全生产水平，而且形成了适用于全国煤矿生产及灾害防治的技术体系，为安全生产提供了重要保障。在安全监测传感器方面，激光甲烷传感器和光纤温度传感器等具有结构简单、无源、防干扰、体积小、阻燃防爆、稳定、可靠等特点，能够实现长距离在线测量和分布式测量。这些传感器的应用极大地提高了监测的准确性和实时性，为煤矿安全生产提供了强有力的技术支持。

在安全监测信息化方面，中国已经形成了网络化、智能化的监测体系。例如瓦斯流量智能化监测系统能够为评价煤矿瓦斯抽采效果提供可靠的监测数据和预警手段，预防煤矿瓦斯突出、爆炸等恶性事故的发生。瓦斯动力灾害实时在线监测系统能够实现对煤岩瓦斯动力灾害的连续预测预警。在井下防火方面，开发的束管监测系统与采空区防自然发火综合预警系统，为煤矿防火安全提供了有效的技术手段。在井下通风系统方面，基于 GIS 的矿井通风网络化智能管理系统利用通风网络动态解算与瓦斯涌出分析模型，对通风设施与设备进行联动控制，实现了全矿井通风网络的实时在线智能化监测，有效提高了通风系统的安全性和效率。

对于煤矿防治水，矿井物探仪器的研制、水害事故诊断治理和技术数据处理智能软件等方面已得到进一步的开发和应用。这些技术的应用对中国煤矿水害防治起到了重要的支撑作用。目前开发的基于物联网的水文监测系统和基于大数据的水害预警系统，将进一步提高中国的水害防治水平。这些先进的安全监控技术和系统的应用，不仅提高了煤矿的安全生产水平，还为煤矿行业的现代化和可持续发展提供了坚实的技术支持。

1.2.7 智能化技术在其他方面的发展

中国煤矿智能化技术的发展不局限于特定的生产环节或设备，而是涵盖了一系列关键共性技术，这些技术的进步为整个煤矿行业的智能化升级提供了坚实的基础。井下移动目标精确定位技术、地质探测技术、智能控制技术、变频传动技术等，已广泛应用于煤矿的各个生产工艺环节，显著提升了煤矿的智能化技术水平。这些技术的应用不仅提高了生产效率和安全性，还增强了煤矿对复杂环境和变化条件的适应能力。

煤矿智能化技术的应用不仅体现在生产各个工艺环节及装备的智能控制与监测上，还体现在对各环节的综合管理上。中国煤炭工业经过多年的两化融合推进发展，综合自动化与信息化系统在一些大型矿井得到了应用。这些系统实现了煤矿各子系统在调度中心的数据集成，并建立了煤炭运销、财务、人力资源等信息化管理平台，显著提高了煤矿生产经营管理能力。目前中国煤矿行业正向全面数字化、网络化、智能化方向发展，这不仅提高了生产效率，还增强了对市场变化的响应能力和整体竞争力。

随着智能化技术的不断发展与全面应用，专业的智能化技术服务已成为智能矿山不可或缺的重要组成部分。这些服务是智能矿山高效、可靠运行的重要保障。目前，专业（新兴）的智能化技术服务模式已经开始涌现。基于互联网的"矿山装备远程运维服务"已经列入智能制造试点示范，并在全国矿山推广使用。这种服务模式利用"装备云"平台、ITSS 运维服务管理体系，实现线上线下服务相结合，对矿山装备的远程运行维护、高效管理起到了重要作用。这些服务不仅提高了设备的运行效率和可靠性，还降低了维护成本，为煤矿行业的可持续发展提供了强有力的支持。

中国煤矿智能化技术的发展涵盖了从具体生产环节到综合管理，再到专业技术服务的全方位升级。这些进步不仅提高了煤矿的生产效率和安全性，还为煤矿行业的现代化和可持续发展提供了坚实的技术支持。未来随着技术的不断进步和完善，煤矿智能化将在提高生产效率、保障矿工安全、减少环境影响等方面发挥更加重要的作用。

1.3　发展煤矿智能化技术的意义

煤炭工业作为我国重要的基础能源支柱产业，是保障国民经济持续快速增长的重要组成部分。煤矿智能化是煤矿综合机械化发展的新阶段，是煤炭生产力和生产方式变革的新方向。煤矿智能化建设直接关系到我国国民经济和社会智能化的整体进程，加快推进煤矿智能化建设，已成为实现煤矿安全、高效生产的重要基础，是煤炭企业实现高质量发展的重大举措。[1]

中国的能源结构特点为"富煤、贫油、少气"，这一特点决定了煤

---

[1]　王国法，刘峰.中国煤矿智能化发展报告 2022 年 [M].北京：应急管理出版社，2022：109.

炭在国家能源安全和工业发展中扮演着不可替代的角色。煤炭不仅是重要的能源原料，也是化工、电力等多个行业的基础能源。尽管全球能源结构正逐渐向清洁能源转型，但在可预见的未来，煤炭在中国一次能源供应中的核心地位难以改变。然而，煤炭开采的复杂性和风险性一直是工业发展中的难题。地下作业环境的恶劣多变性，尤其是在地质条件复杂、自然灾害频发的区域，更加剧了煤矿开采的困难。地下作业环境不仅受限于狭窄的空间，还面临着瓦斯爆炸、水害、火灾、冲击地压等多种自然灾害的威胁。这些因素共同作用，使得煤矿安全生产成为一个极具挑战性的任务。煤矿工人在这样的环境中工作，不仅要面对生命安全的威胁，还要承受长时间的高强度劳动。

随着中国社会经济的快速发展，劳动力市场也发生了显著变化。劳动人口比重的下降导致劳动力资源明显减少，这对矿山企业而言，意味着招工难度的增加和人力成本的上升。煤矿作业的特殊性要求工人具备一定的技能和经验，这使得合格矿工的招募更加困难。为了吸引和保留工人，企业不得不提高工资和福利，这无疑增加了企业的运营成本。在经济全球化的背景下，煤炭市场的价格波动也给煤矿企业带来了额外的经营压力。如何在保证安全的前提下提高生产效率，降低成本，成为煤炭行业急需解决的问题。在这样的背景下，智能化技术的发展为煤炭行业提供了新的解决方案。通过引入自动化设备和智能化管理系统，可以有效减少对人工的依赖，降低劳动强度，提高生产效率，自动化采煤机械的应用可以减少人工直接参与的危险作业，而智能化监控系统能够实时监测矿井环境，预防和减轻自然灾害的影响。智能化技术还可以优化资源配置，提高资源利用效率，从而降低生产成本。随着技术的不断进步，未来煤矿的开采将越来越依赖于智能化技术，这不仅能够提高煤炭产业的竞争力，也是实现可持续发展的必然选择。

中国国民经济的发展进入了一个新的阶段，从高速增长转向高质量发展。这一转变标志着中国经济发展的重心正在从速度的追求转向效率和质量的提升。在这一过程中，经济结构的优化和增长动力的转换成为关键任务。特别是在煤炭这一传统行业，新兴技术的引入和应用正在引发深刻的变革。互联网、大数据、人工智能、5G 和区块链等新技术的飞速发展不仅改变了信息流和数据处理的方式，也为工业生产方式带来了革命性的变化。

矿山物联网、云计算、5G 通信等技术的开发和应用，为煤矿传统生产方式的改造提供了强大的技术支持。这些技术的引入不仅提高了生产效率，还实现了井下作业的无人值守和少人化，极大地提高了安全生产水平。矿山物联网可以实现设备的实时监控和故障预警，云计算则为大数据分析和决策支持提供了强大的计算能力，而 5G 通信技术则确保了信息传输的高速度和低延迟。这些技术的综合应用，不仅提升了生产效率，还降低了生产成本，提高了资源利用率。将这些高新技术与传统的技术装备和管理方式相融合，是推动煤炭行业转型升级的关键。这种融合不仅是技术层面的结合，更是一种管理和运营模式的创新。它要求企业不仅要引进先进的技术设备，还要改变传统的管理理念和方法，培养适应新技术的人才，构建适应新时代要求的企业文化。这样的转型升级，对于提高煤炭行业的整体竞争力，实现可持续发展具有重要意义。通过这种方式，煤炭行业不仅能够在保障安全的基础上提高生产效率，还能够更好地适应市场的变化，满足经济发展的新要求。

在当今时代，智能化技术的迅猛发展正引领着各行各业的转型升级，煤炭行业亦是如此。采用新一代智能化技术打造智慧矿山和无人或少人矿山，已成为煤炭企业转型升级的重要举措。这一转型不仅是技术革新的体现，更是对传统煤炭行业生产模式的根本改变。智慧矿山的概念强调的是通过先进的信息技术和自动化技术，实现矿山生产的高效、安全和环保。这种转型升级对于提高煤炭行业的竞争力、响应环保要求、保障矿工安全具有深远意义。

中国政府对于煤炭行业的智能化转型给予了高度重视，并通过一系列政策性指导为这一转型提供了方向和支持。2015年，原国家安全生产监督管理总局发布的通知，明确提出在重点行业领域开展"机械化换人、自动化减人"的科技强安专项行动。这一政策的核心在于通过机械化生产替换传统的人工作业，以自动化控制减少操作人员，从而大力提高企业的安全生产科技保障能力。《煤矿安全生产"十三五"规划》进一步提出了推进煤矿机械化、自动化、信息化、智能化改造的具体要求。这些政策不仅指明了智能化转型的方向，也为煤炭企业的转型升级提供了明确的目标和路径。

2019年，国家煤矿安全监察局发布的《煤矿机器人重点研发目录》公告，进一步强调了智能化技术在煤矿行业中的应用重点。这些政策措施的制订，不仅为煤炭企业开展智能化建设提供了指导，也为整个行业的技术升级指明了方向。通过这些政策的实施，预期将促进智能化技术在煤矿的广泛应用，实现产业技术的升级。这不仅能够减少井下作业人员，降低劳动强度，还能够有效提高煤矿的安全生产水平和生产效率。煤矿智能化可以对各种信息进行实时感知，切实提高风险管控的质量；打造"人一机一环一管"的数字化闭环，让各个环节实现高效协同，开展自动化作业与生产；为工人创造更优质的工作环境，创造更多价值。

1.4 煤矿智能化十大"痛点"解析及对策①

在过去的几十年里，煤矿智能化技术的快速发展对煤炭工业产生了深远的影响。煤矿智能化虽然取得了显著的成就，但是在实际应用的过程中依然暴露出一些挑战和"痛点"。为了理顺今后我国煤矿智能化的

---

① 王国法，任怀伟，赵国瑞，等.煤矿智能化十大"痛点"解析及对策[J].工矿自动化，2021，47（06）：1-11.

发展之路，必须清醒地认识到这些"痛点"与挑战所带来的后果，然后使用针对性的手段挑除这些横亘在智能化发展之路上的绊脚石。

1.4.1 煤矿智能化发展"痛点"分析

1. 关于煤矿智能化的认识和观念存在差异

煤矿智能化发展过程中的痛点之一是对智能化概念的理解不一致，这一问题的深层根源在于传统思维的固守和技术变革的不适应。我国煤炭行业的发展经历了人工采煤与炮采、机械化开采、综合机械化开采到智能化开采四个阶段。在这个发展过程中，对于智能化开采的具体定义、智能化煤矿的构建方式，以及智能化与机械化、自动化、信息化和数字化之间的关系尚未形成统一的认识，特别是在一些地区和煤矿企业中，智能化的重要性和必要性还没有得到足够的重视。

智能化的本质是事物在网络、大数据、物联网、人工智能等技术支持下，所具有的能满足人类各种需求的属性。这包括智能感知、智能分析、智能决策和智能控制的能力。煤矿智能化涉及人工智能、工业物联网、云计算、大数据、机器人、智能装备与现代煤炭开发技术的深度融合，以形成全面感知、实时互联、分析决策、自主学习、动态预测、协同控制的智能系统。智能化煤矿是一个多环节、多系统的复杂体系，涉及数百个子系统，这些系统间存在着层次逻辑交叉和物质、能量、信息的交换，煤矿与外部市场、运输、生态环境也相互关联。

智能化煤矿的特征是信息技术、人工智能和控制技术与采矿技术的深度融合，智能化煤矿建设是一个高新技术渗透矿山场景、渐进迭代发展的过程，是一个持续进步的过程，而不是一次性成果或"基建交钥匙工程"。机械化、自动化、信息化和数字化构成了智能化的基础和内涵。智能化煤矿的建设涉及对外部信息的实时感知、信息的存储与分析、自学习、自决策与自执行的能力。

当前，对煤矿智能化理解和认识不一致的实质不仅仅是对智能化概念的纠缠，更多的是保守思维与技术变革不适应的表现。在煤矿智能化发展尚不充分、某些技术装备尚不完善的初级阶段，自然会存在分歧。全面否定和概念滥用是两种典型表现形式。这与煤矿综合机械化发展之初的情况类似。解决这一问题需要加强对智能化重要性的宣传和教育，深入研究智能化技术与煤矿实际应用的结合点，以及推动相关政策和技术标准的制定与完善。

智能化煤矿的建设不仅是技术问题，更是理念和思维方式的更新。要实现智能化，需要煤矿企业和相关部门更新观念，认识到智能化是煤炭行业发展的必然趋势，不应单纯强调智能化建设的投入大、技术难、要求高等问题，而应更多地关注长远效益、安全生产和可持续发展，还需要克服畏难情绪和消极心理，主动推进智能化建设，逐步实现煤矿生产过程的智能化运行。

2. 煤矿智能化发展水平不均衡

中国煤矿智能化发展的现状是一幅复杂多元的画卷，在这个过程中煤层赋存条件的差异性是影响技术路径、施工难易程度以及智能化效果的关键因素之一。

在西部的晋陕蒙大型煤炭基地，由于煤层赋存条件较为理想，矿井的经济效益良好，从而有足够的资金投入于智能化建设。相反，在西南云贵川地区，由于煤层赋存条件复杂，矿井产量低下，经济效益不佳，智能化建设的基础相对薄弱。这种地域性经济条件和资源分布的不均衡对煤矿智能化建设产生了极大的影响，同样地，在西部大型矿区由于较好的赋存条件，智能化开采技术和装备相对成熟，人才储备丰富，因此在智能化建设上取得了较快进展和显著成效。而在中东部和西南部矿区，由于赋存条件较为复杂，智能化技术和装备的适应性较差，高端技术人才短缺，导致智能化建设进展缓慢，成效有限。

而在同一煤矿中，不同系统的智能化水平之间的发展同样不均衡，呈现出明显的"短板效应"。综采工作面作为煤矿生产系统的核心部分，其智能化建设受到了普遍重视，然而巷道掘进的智能化水平则相对较低，许多矿井甚至未能实现机械化，这种不同系统间的智能化水平差异，限制了煤矿整体智能化水平的提升，也直接拖累了整体的生产效率。

智能化技术需求与技术发展现状之间的不平衡，是智能化发展中的另一个重要问题。现有的智能化技术和装备主要适用于条件简单的矿井，而对于条件复杂、灾害严重的矿井，这些技术和装备的适应性不强，难以满足实际工程需求，智能化技术在这些矿井的应用效果有限，技术发展亟须突破。而落实到智能化技术的实施上，硬件与软件投入的不平衡也在影响着智能化的发展。在硬件方面煤矿智能化倾向于投入高性能计算机、高速网络和进口采掘装备等，但是企业往往在软件开发、大数据中心建设和智能化综合管控平台建设方面投入不足，这种不平衡导致了软件开发滞后，限制了硬件性能的充分发挥，造成了智能化系统"高分低能"的现状。

而在煤矿智能化相关的投入与产出比方面，也同样存在着不均衡的现象。全面智能化建设需要大量的资金、人力和物力资源，而且还需要高素质的技术人员支持。尽管在一些矿区取得了技术、经济和社会效益，但大多数矿井的投入产出比却相对较低。这种情况导致了部分矿井在智能化建设上的意愿不强烈。

3. 煤矿智能化 5G 应用缺乏有效生态和场景

5G 技术在煤矿行业的应用是一个领先技术与传统产业相结合的典型案例，5G 的大带宽、广连接、低时延等特性，以及与网络切片、边缘计算等核心技术的结合为煤矿行业带来了前所未有的变革机遇，然而这一过程并非没有困难，其中面临的主要挑战包括网络系统架构的不统一、应用场景的不足，以及技术及终端生态的匮乏。

5G 网络系统架构的不统一是 5G 技术在投入实际应用后所凸显出来的一个问题。不同厂商的产品和技术标准各异导致了产品壁垒化严重，不仅使得用户使用和维护变得复杂，而且不利于技术的推广和生态的建立，而商业模式和频谱资源分配管理的问题是该问题的根本。煤矿井下 5G 频谱资源的使用没有合法化的依据，限制了 5G 技术在煤矿的推广应用。

5G 应用场景的开发则是另一个矛盾点。目前 5G 技术虽然在多个场景进行了测试，如 5G 高清视频传输、基于 5G 技术的远程低时延控制等，但这些研究还未达到规模化应用，其有效性和实用性仍有待验证。5G 技术在煤矿的应用还处于起步阶段，面临着技术融合和应用的困难。这些初期的探索和研究必然伴随着失败和挫折，需要以发展的眼光看待这些问题。还有一些观点提出直接跳过 5G，等待 6G 技术的到来可能更为合适。但是通信技术的发展是一个长期过程，等待成本很高，每代通信技术的共存时间越来越长，未来通信技术的发展将是融合互补，而非取代消亡。5G 技术不是要取代其他通信技术，而是要融合各种通信技术的优势，构建万物互联的统一网络。所以不同场景应选择最适合的通信技术，多种通信技术的融合是构建万物互联网络的关键所在。

5G 技术及终端生态的匮乏是当前面临的另一个重要挑战，尽管 5G 基站已开始规模化建设，但相关技术和终端生态仍然不足。5G 生态的形成依赖于标准化规范，同时也需要终端形态的多样化。工业应用场景未规模化铺开导致相应的终端和生态成长缓慢，而终端和生态的成长缓慢又限制了应用场景的规模化铺开。为了破解这一困境，需要有先驱在应用场景开发和生态布局、终端创新方面做出努力，将相互限制转变为相互促进。

4. 地质透明化技术的支撑和保障不足

"透明地质"技术旨在通过地质探测技术与装备的智能化、探测信息的数字化及地质信息与工程信息的有效融合，实现对煤矿地质环境的全面了解，目前"透明地质"技术在实际应用中还面临着诸多挑战。

地质数据的数字化不足是"透明地质"实现的首要障碍。目前地质数据的收集主要依赖于人工采集与录入，这不仅效率低下，而且容易产生错误。许多矿井的地质数据仍然是纸质形式，没有实现数字化转换，这严重限制了矿井地质保障能力的提升。

地质探测技术的精度和范围不足也是一个重要问题。当前主流的地质探测技术如钻探、物探、化探等各有优劣，但普遍存在精度不足的问题。井下煤机装备的定位精度已经非常高，但地质探测的精度仍然无法达到这一水平，这导致了矿井智能化开采的精确度受限。

三维地质建模技术能否得到提升也同样左右着"透明地质"的实现，现有的三维地质建模技术大多受限于探测技术的精度，使用的建模算法（如三角网算法、插值算法等）对地质体的预测结果存在较大差异。特别是在预测地质异常体时，这些技术的预测能力不足，导致模型的总体精度不高。"透明地质"模型的建立是智能化开采的基础，但目前受限于地质探测与建模精度的问题，真正实现"透明地质"或"透明工作面"仍然面临挑战。其中基于多信息融合的动态地质模型是一个有效的技术路径，有助于提高采煤机的智能截割能力。地质信息与工程信息的融合不足也是一个问题，目前的三维地质模型主要是将不同探测技术的数据进行简单叠加，而不是进行深度融合。这种做法难以提高探测的精度和分辨率。此外，三维地质模型多用于展示，而不是与井下工程施工进行融合，限制了其在矿井中的应用。

在现实的开采中，地质探测技术与装备也同样面临着智能化程度不足的挑战。目前的地质探测技术和装备大多需要大量的人工操作，其自动化程度较低，难以满足矿井智能化的需求，亟须开发能够实现随采、随掘的智能探测技术与装备，以提高地质探测的精度、可靠性和智能化水平。

5.煤矿采掘失衡与掘支失衡问题持续存在

目前中国煤矿巷道掘进领域在采掘平衡和掘支平衡方面仍面临较大挑战。巷道掘进工作面的空间通常较为狭小，且作业工序复杂，这使得掘、支、锚、运等协同作业面临很大困难。由于煤层赋存条件及安全作业要求巷道掘进后需及时进行支护，但在复杂条件下空顶距小，难以实现连续作业。根据《煤矿安全规程》等规定，巷道掘进必须伴随地质探测、支护、锚护等工序，这些工序的协同配合对现有技术是一大挑战。目前平均巷道月进尺不超过 300 米，快速掘进的实现成为亟待解决的技术难题。

设备的可靠性和适应性是巷道快速掘进的另一个挑战，在复杂围岩条件下国产掘进机和掘锚一体机的可靠性较低，截割部、液压系统、电控系统及传感器等部件频繁发生故障，设备的综合开机率低。此外高效的临时支护设备缺乏，锚固、铺网等工艺流程的自动化程度不高，这些因素共同制约了巷道快速掘进的实现。而巷道掘进设备的定姿、定位技术在强干扰、高粉尘和狭长作业空间环境中也同样面临挑战。巷道掘进工作面空间狭小，伴随着强电磁干扰，掘进过程产生的粉尘和水雾对传统定位技术和设备位姿检测技术造成了干扰，这些因素制约了巷道掘进自动化、智能化控制的实现。

在智能化快速掘进技术和装备的投入方面，由于煤层赋存条件的复杂性，巷道掘进设备对不同围岩条件的适应性存在显著差异。早期巷道快速掘进研发投入分散、资金不足导致相关技术和装备的研发进展缓慢，尽管近两年来巷道快速掘进受到了更多关注，但仍未出现突破性或革命性的技术和装备成果。

6.智能化技术在复杂工作面的适应性问题

现如今我国在智能化综采工作面已经取得了卓越的发展，但与此同时在适应复杂工作面条件方面依然存在着诸多挑战。传统技术如基于音频信号、伽马射线、雷达的顶煤冒落过程识别技术在实际工程应用中效果不佳,但是综放工作面智能化放顶煤技术的有效突破尚未实现,基于地质模型和顶煤放出量监测的智能放煤技术存在技术瓶颈,现有技术难以实现顶煤放出过程的智能化控制,制约了综放工作面智能化的实现。

煤机装备的可靠性和自适应控制技术需要进一步提升,一些关键的采煤机和刮板输送机的可靠性仍较低,且部分核心元部件依赖进口。采煤机也尚未实现智能自适应截割,液压支架与围岩的自适应控制技术亦有待改进。工作面环境及煤机装备参数的感知信息还不完善,影响了常态化智能开采的实现。

现有智能化开采技术在适应复杂煤层条件方面存在不足,尽管对西部矿区条件较为简单的煤层适应性较好,但在大倾角、高瓦斯和顶底板松散破坏围岩条件下的适应性较差。液压支架、采煤机、刮板输送机等设备虽然单机自动化、智能化水平较高,但不同设备间的协同控制效果尚不理想。

工作面端头支架和超前支架的智能化水平同样较低,由于工作面端头支护区域面积大、设备众多且连接关系复杂,这些支架难以实现定姿、定位及自适应控制。单元式超前液压支架的搬移和支护过程大多依赖人工操作,自动化和智能化水平相对较低。

工作面设备的智能决策能力也有待提升,尽管通过采用各类传感器和摄像头能够对开采环境进行一定程度的感知,但相关感知信息的有效利用率较低。不同类型感知信息的融合分析效果较差,尚未形成完善的感知、分析、决策和控制的闭环管理体系。

7. 智能化巨系统的兼容性与协作挑战

在当前的智能化煤矿建设中,建立一个能够实现兼容协同的巨系统是当务之急。智能化煤矿涉及基础应用平台、掘进系统、开采系统等近百个子系统形成了一个复杂的巨系统，这些系统间在数据兼容、网络兼容、业务兼容和控制兼容方面存在诸多挑战。

煤矿井下存在着大量的多源异构数据，既包括设备状态信息、控制命令、文本信息等结构化数据，也包括视频、图片、语音等非结构化数据。由于数据格式多样，存储方式和分析处理方法存在差异，数据之间的兼容和互通问题导致了多个数据孤岛的形成，严重制约了系统间的协同控制，因此数据格式的统一化是必须要解决的首要挑战。

网络通信协议的兼容性也不容忽视，在智能化煤矿系统中，网络是各系统间进行数据交互的关键纽带。由于各系统的通信网络协议多样，各类感知设备采用的通信技术标准各不相同导致了信息传输受阻、整体稳定性差等挑战。

各业务系统间的兼容性较差在现实中也非常突出，各业务系统之间在业务逻辑上存在一系列的空间、时间、功能、事件等关联关系，这些系统需要在生产效率、安全、环保、节能等不同层面进行优化组合。目前这些环节和业务逻辑只是建立了表面的关联状态，未能进行深度有效的挖掘和业务融合，导致矿山生产预测、监控、效率提升、安全事故防控等方面的问题尚未得到有效解决。系统间协同控制的兼容性则是另一个挑战，智能化运行的煤矿需要各系统实现高精度、实时、快速响应和控制，但由于煤层条件、开采环境、设备位姿及空间位置关系等因素的影响，设备之间的运行参数存在非线性耦合关系。现有系统之间的感知信息不通畅、位姿关系不精确、决策控制逻辑不清晰，导致系统间的协同控制兼容性差，缺乏考虑各系统的全局智能化综合控制模型。

8. 井上下智能机器人技术的发展需要加速

煤矿机器人作为实现煤矿智能化的重要组成部分，目前其井上下作业技术依然面临一系列挑战。虽然在某些方面已有进展，但在基础共性关键技术、功能多样性、灵活性、适应性以及应用场景的拓展方面仍需突破和提升。

在基础共性关键技术方面，虽然巡检机器人和运输机器人等已在煤矿中得到较快发展，但在井下机器人的精准定位、自主感知与决策、精准导航与调度、避障、集群管控与续航管理、轻型防爆材料等关键技术方面，尚未获得显著的技术突破。这些技术的提升对于煤矿机器人在复杂环境下的高效、安全运作至关重要。

在功能的实现方面，现有煤矿机器人的功能相对单一，智能化程度有限。虽然通过集成各类传感器能够对井下环境进行感知，但它们大多仅具备信息采集功能。由于井下防爆要求，在复杂煤层条件下现有机器人通常较为笨重，灵活性和适应性较差。

在应用场景方面，煤矿机器人种类较少，性能有待提升，应用场景需要进一步挖掘。当前井下机器人主要以巡检为主，且多为轨道式，其性能还有待提升，而掘进机器人、喷浆机器人、支护机器人、救援机器人等更为专业化的机器人仍在研发阶段。为提升矿井智能化水平，亟须开发多功能、高性能的机器人，并拓展其应用场景。

9. 煤矿智能化管理和人才储备不充分

煤矿智能化不仅仅是技术层面的建设，与之配套的管理与人才的共同升级是保障煤矿智能化落地最重要的路径，而在这个方面目前还面临着比较大的挑战。传统的管理模式难以适应智能化煤矿的需求，智能化煤矿的管理需要实现各业务系统的深度融合，这要求从根本上改变传统的管理思路和模式。这包括全面梳理煤矿的产运销、人财物等管理流程，优化管理方式，创新管理体系以适应智能化的需求。

目前的煤矿普遍缺乏专门负责信息化、智能化的职能部门和专职岗位，智能化建设的规划和管理通常由机电部门兼职负责，但这些兼职人员对智能化技术和设备的熟悉程度严重不足，难以有效地承担智能化建设的相关工作。煤矿从业人员的整体技术水平相对较低，据统计大型智能化煤矿从业人员中本科及以上学历的比例约为 50%，而高级技术职称人员的比例通常小于 5%，一线从业人员的平均年龄大于 40 岁，这进一步凸显了智能化人才储备的严重不足。

在智能化人才培养体系建设方面，尽管部分高校已经开始开设煤矿智能化相关课程，但如何将计算机、人工智能等现代科技与煤炭开采实践相融合，如何优化人才培养结构，这些方面仍然不够清晰，智能化人才培养体系有待进一步建立和完善。

专业化运维团队的缺乏也是制约智能化煤矿稳定运行的一个重要因素。由于智能化相关技术人才的缺乏，煤矿的智能化技术和设备主要依赖设备厂家进行维护。但是由于设备型号和参数的多样性，设备厂家的运维服务往往存在维护不及时、整体性差和协调困难等问题，这些问题严重影响了智能化设备和系统的稳定可靠运行。

10. 智能化煤矿的投资和资金保障不充足

保障充足的资金投入对于智能化煤矿的发展是根本中的根本，但在这个方面还存在着不小的挑战。

目前煤矿智能化投入的整体强度相对较低，且各企业之间的投入差距显著。虽然一些大型企业计划在"十四五"期间投入较大资金用于智能化建设，如国家能源投资集团有限责任公司计划投入约 800 亿元，陕西煤业化工集团有限责任公司每年计划投入 20 亿元以上，但与电力行业相比，这些投入仍然偏低，西南部矿区在智能化投入方面更是明显不足。煤矿智能化在短期内主要体现为安全效益，经济效益并不显著，智能化建设能实现无人或少人化开采，显著提升矿井安全作业水平，降低劳动强度。然而在劳动力价格相对较低的中国，通过减员增效带来的经济收益难以抵消前期的基础设施建设费用。

智能化煤矿运营过程中产生的大量数据资源价值尚未得到充分挖

掘，受限于数据分析、挖掘技术的发展，以及相关技术与煤炭开采技术的融合程度，井上下产生的大量数据资源的利用率很低，未能有效地实现数据资产的变现。

还有很重要的一点，是缺乏客观、专业、真实反映智能化煤矿投入与效益的评价方法。目前的评价主要基于简单的收入、成本数据进行投入产出比的计算，缺乏专业的数据模型，现有的评价指标和方法难以进行全面、客观的评估。

1.4.2 针对煤矿智能化发展"痛点"的解决策略

1. 建立智能化煤矿建设标准与技术规范体系

我国煤矿智能化发展面临的挑战需通过建立一套智能化煤矿建设标准与技术规范体系来应对，该体系涵盖的关键方面见表 1-1。

表 1-1　智能化煤矿建设标准与技术规范体系

智能化煤矿要素	技术规范细节	规范诉求
数据中心	数据收集、处理、存储和分析方法标准化	确保数据的有效性和实时性
主干网络和云平台	高速数据传输和大数据处理的网络稳定性和云平台数据处理能力标准	提高网络和数据处理的稳定性和效率
人员与设备定位系统	精准追踪井下人员和设备位置的系统标准	提升应急响应和资源调度能力
地质保障系统	地质探测、数据分析和模型构建技术标准	有效识别地质结构和预测潜在风险
掘进和采煤技术	自动化控制、机器人技术和遥控操作技术标准	提高作业效率和安全性
主煤流运输和辅助运输系统	自动化物料搬运、追踪和管理系统标准	适应不同运输需求和环境条件

续表

智能化煤矿要素	技术规范细节	规范诉求
供电、排水和通风系统	自动化监控和控制技术标准	维护矿井内的稳定环境

规范化智能化煤矿数据中心是基础，数据中心作为智能化煤矿的信息核心，需要有明确的技术规范和操作标准，以确保数据的有效收集、处理和使用。

主干网络是连接各个系统的桥梁，而云平台则为数据存储和计算提供支持。这些基础设施的标准化建设和维护是智能化煤矿顺利运行的关键。

井下人员与设备定位系统的精准与高效也是重中之重，在复杂多变的井下环境中，准确的人员和设备定位系统可以有效地提升应急响应和资源调度的能力。

智能化地质保障系统、智能化掘进、智能化采煤等关键技术领域的规范化发展不仅可以提升工作效率，还能减少安全事故。

智能化煤矿还需要关注主煤流运输、辅助运输、供电、排水、通风以及安全监测监控等方面的智能化。这些方面的智能化不仅能提升矿井的运行效率，还能进一步提高安全性能。

2. 基于微服务架构的智能化煤矿综合管控平台

为实现煤矿智能化的全面发展，基于微服务架构设计思想开发的统一技术架构智能化煤矿综合管控平台是一个非常好的方向。平台的开发和应用包括监测实时化、控制自动化、管理信息化、业务流转自动化、知识模型化以及决策智能化。

微服务架构设计思想在智能化煤矿综合管控平台中的应用意味着系统将被拆分为一系列小型、独立但紧密协作的服务单元。这样的设计使得各业务系统能够更灵活、更高效地进行数据处理和功能实现，监测实时化通过实时数据采集与处理实现，确保矿井环境和设备状态的实时监控；控制自动化则依赖于先进的自动控制系统，实现设备的自动操作和调度。

管理信息化是通过集成信息技术和管理软件来优化管理流程和提升决策质量，而业务流转自动化则通过自动化工具和流程管理系统实现高效业务处理。知识模型化指的是将煤矿运营的经验和知识转化为可操作的模型，从而支持智能化决策系统的建立和优化。

决策智能化的实现则是通过集成人工智能、大数据分析、云计算等技术，支持更加准确和高效的决策过程。这些技术的集成在复杂和不确定的矿井环境中应用能够显著提高决策的速度和准确性。

智能化煤矿综合管控平台的一个核心功能是实现煤矿井下各系统的数据融合共享与统一协调管控，也就是说从井下人员定位到设备维护，从环境监测到应急响应，所有数据和信息都可以在一个统一平台上进行集中管理和分析，从而实现更高效的资源配置和风险管理。

3. 5G 技术与数据中心的融合应用

煤矿行业正面临数字化转型的关键时期，其中 5G、F5G、WiFi6 等新一代无线通信技术的研究和应用成为推动这一变革的核心。这些技术在煤矿井下不同应用场景的可行性及应用前景是当前研究的重点，研究和开发煤矿板块的云服务和数据中心建设技术，以及构建智能化煤矿知识图谱，对于实现煤矿智能化具有重要意义。

5G、F5G 和 WiFi6 等技术的融合组网在煤矿井下环境中提供了高效、高可靠性的通信解决方案。5G 技术以其高带宽、低延迟的特点，适合于实时数据传输和高清视频监控等应用；F5G（第五代固定通信技术）则专注于提供高速的光纤连接，适合于数据密集型的应用场景；WiFi6 则在提供更高的数据传输速率和容量方面发挥作用。这些技术的融合不仅提升了数据传输的效率和可靠性，也为井下复杂环境中的设备连接和通信提供了更多可能性。

研究5G等新一代无线通信技术在煤矿井下的应用可行性，包括探索其在监测、控制、通信和安全系统等方面的应用。这些技术能够在井下各种环境中提供稳定的网络连接，支持远程控制、实时监控和快速数据分析等功能。通过实际的应用示范，可以验证5G技术在煤矿环境中的实用性和可靠性，同时为未来更广泛的应用提供经验和参考。

与此同时，煤炭板块云和数据中心建设技术不仅可以提供大数据存储和处理能力，还能支持复杂的数据分析和智能决策，可以构建智能化煤矿知识图谱，汇聚和分析来自煤矿各个环节的数据，为智能分析决策提供强有力的支撑。

4.加强关键技术研发，助力煤矿智能化发展

为了推进煤矿智能化的发展，需要深入开展一系列关键技术和装备的研究与应用，包括井上下瓦斯智能抽采技术与装备、精细探测及全息数字化三维地质模型构建技术、高精度地质模型构建技术、基于4D-GIS的采掘工程数据自动处理与实时更新技术，以及GIS与BIM融合技术。井上下瓦斯智能抽采技术与装备的开发有助于提高瓦斯抽采的效率和安全性，通过智能化技术的应用，能够更准确地监测瓦斯浓度，实时调整抽采策略，从而有效预防瓦斯爆炸等安全事故的发生。

精细探测技术和全息数字化三维地质模型的构建可以精确地探测煤层结构和地质条件，构建高精度的三维地质模型，为采煤设计和安全评估提供重要依据。煤矿高精度地质模型的构建技术进一步提升了地质模型的精确度和实用性，能够更细致地反映地下煤矿的地质特征，为采掘计划的制定和风险管理提供了更为准确的信息。基于4D-GIS的采掘工程数据自动处理与实时更新技术将GIS系统的空间分析功能与时间维度结合起来，实现了采掘工程数据的实时更新和自动处理。GIS与BIM融合技术的应用则进一步拓展了煤矿智能化的范围，其结合了地理信息

系统（GIS）的空间分析能力和建筑信息模型（BIM）的详细构建信息，为矿井的设计、施工和管理提供了一个更为全面和细致的视角。

5. 加强巷道快速掘进技术研发，促进煤矿智能化发展

为了适应不同类型煤层赋存条件并提升巷道快速掘进的效率，其理论应用研发过程包括突破掘支平行作业的关键技术瓶颈，实现快速掘进，并结合 5G 数据传输技术，发展智能化掘进机械和全自动锚杆（索）钻车。同时利用超宽带（UWB）技术进行掘进机的精确定位、智能截割和远程集中控制，探索适应不同煤层条件的智能掘进新模式。

在巷道快速掘进的基础理论和关键共性技术研发方面，重点是解决掘支平行作业中遇到的技术难题，包括如何在狭小的空间内高效协调掘进机械和支护设备的运作，以及如何快速、安全地完成掘进任务。智能化掘进机和全自动锚杆（索）钻车的研发与应用则是通过集成 5G 数据传输技术，使这些设备能够实现高效的数据交换和通信，从而保证掘进过程的高效率和安全性。特别是在井下复杂和变化多端的环境中这些先进的设备能够提供更灵活、更可靠的解决方案。

超宽带（UWB）技术在掘进机的精确定位、智能截割和远程集中控制方面有着非常广阔的前景，UWB 技术的应用使得掘进机的定位更为精确，从而有效地提高了截割的准确性和效率。远程集中控制的实现，还可以大幅提升管理效率。探索适应不同煤层条件的智能掘进新模式意味着需要对掘进机械和工艺进行不断的创新和优化。考虑到煤层赋存条件的差异性，这些新模式需要能够灵活适应各种不同的地质和环境条件，确保在各种复杂情况下均能高效、安全地进行掘进作业。

6. 推动煤矿运输系统智能化

为提高主辅运输系统的智能化水平，煤矿行业正致力于研发一系列高端技术和装备，包括带式输送机智能变频调速技术、智能综合保护

技术、井下人员与车辆的精准定位技术、机车智能调度系统、基于5G的无轨胶轮车无人驾驶技术及智能调度技术，以及基于5G与物联网技术的机车遥控驾驶技术和机车无人驾驶配套技术与装备、智能仓储技术等。

带式输送机智能变频调速技术能够实现输送带速度的精确控制，从而优化物料运输过程，智能综合保护技术则用于增强设备的安全运行，通过监测设备状态和环境因素，预防事故的发生。井下人员与车辆的精准定位技术可以实时监控井下人员和车辆的位置，及时应对各种紧急情况，保障人员安全。

机车智能调度系统的开发和应用可有效提升煤矿内部物流的管理效率，该系统能够根据实际需求自动调配机车，优化运输路线和时间，减少等待和空驶时间。基于5G的无轨胶轮车无人驾驶技术及智能调度技术，以及基于5G与物联网技术的机车遥控驾驶技术，是当前煤矿运输领域的重要创新方向，这些技术的应用能够实现运输过程的自动化和智能化，大幅提高运输效率和安全性，而机车无人驾驶配套技术与装备的研发则进一步扩展了智能运输系统的应用范围，这些技术和装备能够实现更为复杂和灵活的运输任务，适应煤矿复杂多变的运输需求。

智能仓储技术则涉及煤矿物资存储和管理的智能化，通过应用先进的管理软件和自动化设备，智能仓储技术能够实现物资存储的高效管理和快速调配。

7. 强化矿井安全与智能化技术

与矿井的安全保障和智能化水平相关的技术研发主要包括主供电系统的远程集控技术、电能大数据分析与监控管理技术、矿井灾害风险的智能分级管控与预警技术、煤自燃的智能监测预警与主动分级防控技术、高精度冲击地压的智能监测预警技术与装备，以及矿井大型机电设备全生命周期的智能管理技术与系统。

主供电系统远程集控技术的研发目的在于实现对矿井供电系统的远程监控和管理，可以实时监测供电系统的运行状态，及时发现并处理故障，保障矿井的电力供应安全稳定。

电能大数据分析与监控管理技术则利用大数据和智能分析方法，对矿井的电能消耗进行监测和管理，在此之下可以优化电能使用，降低能源成本，同时提高能源使用的效率和安全性。

矿井灾害风险智能分级管控与预警技术专注于矿井内各类潜在灾害风险的监测和预警，通过智能算法分析风险等级实现对潜在灾害的早期预警和有效管控，从而提高矿井的安全性。

煤自燃的智能监测预警与主动分级防控技术是针对煤矿中较为常见的煤自燃问题而开发的，该技术可以实时监测煤层温度和氧气浓度，提前预警自燃风险，并采取相应的防控措施。

高精度冲击地压智能监测预警技术与装备的开发则是为了实现对冲击地压的实时监测和预警，预测和预防由于地质因素引起的矿井事故。

矿井大型机电设备全生命周期智能管理技术与系统的应用是对矿井机电设备从投入使用到报废全过程的智能化管理，实现设备状态的实时监测、维护预警、性能分析和寿命预测，从而提高设备的使用效率和安全性。

8. 选煤厂智能化转型

选煤厂智能化转型的方向涵盖了选煤厂的各个工艺过程，包括重介密度、跳汰分选、浮选及加药、粗煤泥分选、浓缩系统及加药、沉降处理、装车配煤系统、干燥系统以及压滤机集群等。此外，选煤厂的安全生产监控联动平台、基于大数据的智能选煤决策平台、商品煤智能检验与管控体系、选煤系统数字孪生技术与装备的研发也在进行中，旨在全面提升选煤厂的智能化水平。

在重介密度、跳汰分选、浮选及加药等工艺过程中，智能化控制技术能够根据实时数据自动调整操作参数，提高选煤效率和产品质量，通过智能化控制，可以精确控制介质的密度，确保分选效果的最优化。

粗煤泥分选和浓缩系统的智能化控制技术则专注于提高处理效率和减少资源浪费。通过实时监测和自动调节加药量和浓缩参数，可以有效提高分选和浓缩的效率。

沉降处理、装车配煤系统和干燥系统的智能化控制技术，可以实现这些过程的自动化和优化，提高处理速度和降低能耗。同时压滤机集群的智能化控制能够确保滤饼的质量和处理效率。

选煤厂安全生产监控联动平台的研发，致力于实时监控选煤厂的生产环境保障作业安全，通过联动平台，可以及时发现潜在的安全隐患，并采取预防措施。

基于大数据的智能选煤决策平台可以分析历史和实时数据，为选煤过程提供科学的决策支持，商品煤智能检验与管控体系则聚焦于提高产品质量监控的精准度和效率。

选煤系统数字孪生技术的应用是通过创建选煤过程的数字化虚拟模型，为实时监测和预测提供了新的手段。这使得选煤过程可以在虚拟环境中进行模拟和优化，为现实操作提供指导。

9. 井上下机器人技术的应用与发展

推广应用井上下机器人作业技术的主要任务是研发井下锚、钻、喷浆类机器人，以实现钻锚作业的机器人化；开发探水钻孔、防突钻孔、防冲钻孔等钻探机器人，解决井下自主移动、导航定位、自动钻进等问题；以及研发巷道清理机器人、煤仓清理机器人、水仓清理机器人等，旨在降低井下作业人员的劳动强度。

井下锚、钻、喷浆类机器人的研发关注于实现钻孔作业的自动化和机械化。这些机器人能够在煤矿井下复杂的环境中进行高效、精准的钻孔作业，从而提高作业效率和安全性。机器人化的钻锚作业减少了人员在危险环境中的直接参与，降低了安全风险。探水钻孔、防突钻孔、防冲钻孔等钻探机器人的研发则更加注重解决机器人在井下的自主移动、导航定位和自动钻进的技术挑战。通过引入先进的导航系统和自动控制技术，这些机器人能够在复杂的井下环境中准确地完成钻孔任务，为矿井安全提供重要支持。

巷道清理机器人、煤仓清理机器人、水仓清理机器人等的研发则主要目的是减轻井下工作人员的劳动强度，这些机器人能够自动完成清理、搬运等繁重的物理劳动，提高清理效率，同时减少人员的劳动强度和安全风险。

10. 煤矿智能装备与机器人全生命周期管理

智能装备和机器人的研发从设计到使用的全生命周期管理系统能够对设备全寿命过程的健康状况进行有效管理和预测，并能根据设备的健康特征对维修策略进行智能决策，提供合理的维修建议，实现对煤矿全工位机电设备的健康智能管理。

全生命周期管理系统的核心在于持续监测装备和机器人的状态，包括它们的性能、使用情况以及潜在的故障风险。这一系统通过收集和分析各类数据，能够准确判断设备的健康状况，并预测可能出现的问题，这种预测性维护策略可以避免意外停机和大幅降低维修成本。系统还应集成先进的数据分析技术，如机器学习和人工智能，以提高预测的准确性。通过分析设备运行数据与故障记录，可以建立精准的维护模型，从而为设备提供更加个性化和精准的维护策略。

另外全生命周期管理系统还需要能够根据设备的健康状况提供维修建议。这些建议不仅基于设备当前的状态，还考虑到了维修历史、备件可用性以及维修团队的技能。系统还应支持决策制定，帮助管理层根据设备的健康状况做出更加明智的运营决策。系统可以建议在设备性能下降之前进行更换或升级，以保持整个矿井的高效运行。

1.4.3 煤矿智能化与绿色发展

近年来随着煤炭行业智能绿色发展的主旋律日益凸显，我国煤炭行业的绿色矿山建设步伐也在加速。为推动煤炭行业的智能化和绿色发展，实施一系列细化的技术和管理策略是必要的，这些措施包括智能矿山建设的规划、标准制定、政策支持、人才培养等多个方面。

智能矿山建设的规划要求考虑到不同区域的煤层赋存条件和技术基础，以及矿山的发展现状。这涉及制定详细的中长期发展战略，包括分阶段的发展目标和任务。这样的规划应兼顾典型示范矿山的建设，以及智能绿色开采模式、技术装备和管理经验的提炼与推广。

智能绿色煤炭开发与利用标准体系的制定，涉及当前煤矿智能化发展的现状分析。这需要关注新一轮科技革命和产业变革的趋势，确保标准的先进性、适用性和有效性，以及定期更新智能绿色煤炭产业标准体系。

在政策支持方面，包括资金支持、项目建设支持、税收优惠政策、金融支持和科研条件支持。资金支持主要集中于财政资金的投入，特别是在智能装备和机器人应用、煤矿开采效率提升方面的支持。项目建设支持包括新建智能化煤矿的规划优先考虑、办理进度加快，以及对通过验收的智能化示范煤矿给予产能置换、矿井产能核增等方面的支持。税收优惠政策包括扩大智能煤机装备和技术研发环节增值税抵扣范围，落实技术研发费用加计扣除等。金融支持方面，鼓励金融机构提高对智能化煤矿的支持力度，提供专项贷款等。科研条件支持则包括鼓励建立基于大数据、云计算等的"双创"平台。

人才培养方面，煤矿智能化建设需要跨学科交叉融合的人才。支持和鼓励高等院校和职业技术学校开设煤矿智能化相关专业课程，培育采矿工程、信息与计算科学、人工智能等专业的复合型人才。此外，建立健全科研人才和技术服务型人才的培养与激励机制，加强煤炭行业从业人员的信息化、智能化知识培训。这些措施旨在通过技术创新和管理优化，推动煤炭行业向智能化、绿色化转型，提高矿山的安全性和效率。

第2章 煤矿智能化技术在煤矿地理信息系统中的应用研究

2.1 煤矿地理信息系统的进展与挑战

煤层作为分布于三维地理空间的地质实体，其开采过程与三维空间的关系密切。从资源勘探到矿井生产，所有专题图形和安全生产数据都与三维坐标（x，y，z）紧密相关。因此利用地理信息系统（GIS）技术实现煤矿空间数据的一体化管理就成为建设智能煤矿的重要基础。GIS技术的发展始于1963年，当时加拿大学者Tomlinson R.F.博士首次提出了地理信息系统的概念，并开发出世界上第一个地理信息系统（Canada Geographic Information System，CGIS）。此后相关技术和软件系统开始广泛应用于自然资源、环境规划管理、城市和土地调查等领域。

随着研究和技术的不断进步，GIS的理论和技术也得到了显著的发展。GIS的研究和应用领域已经不再局限于地表土地、军事和环境领域，而是逐渐扩展到地表以下的地质勘探、矿山开采、地下水资源、石油天然气等领域。GIS实现了三维可视化的分析和操作，这对于煤矿行业来说尤为重要。煤矿作为一个典型的多部门、多专业管理的行业，涉及采掘、机械、运输、通信以及水害、火灾、瓦斯、顶板等多个专业方向。如何将这些分散、孤立的业务系统和数据资源整合到一个集成、统一的管理平台上，是实现科学采矿和智能煤矿建设的重中之重。目前煤矿安全地理信息系统体系结构主要结合煤矿安全的需要和因特网技术构建，其体系结构主要由文本数据库（包括技术类、政策法规类、煤矿安全监察类），图形数据库（图片、视频、动画等）和 Internet 网络组成。[①]

中国的煤炭工业在多年的发展中，对空间信息的管理已经从数字矿山向智能矿山方向迈进，并取得了显著成果，GIS 技术在中国煤矿行业的应用不仅提高了矿山的空间数据管理效率，还为矿山的安全生产、资源优化配置和环境保护提供了有力支持。通过 GIS 技术，可以实现对矿山地质结构的精确勘探、对采矿过程的实时监控以及对安全隐患的及时预警。GIS 还能够辅助矿山规划和设计，优化矿山的开采方案，减少资源浪费，提高资源利用率。尽管如此，在发展过程中还是遇到了一些挑战。

2.1.1 数据孤岛

在当前智慧矿山建设的过程中，面临的一个主要挑战是已建立的信息化系统中数据孤岛的现象。这一问题的核心在于，尽管矿山行业已经部署了多种信息化系统，但这些系统之间的数据共享和交换大多仍依赖于人工方式，导致了数据处理的时效性差，严重影响了业务决策的及时性和准确性。由于缺乏有效的空间数据处理系统之间的业务协同，数据在系统间仍以分散和弱关联的方式存在。这不仅降低了系统效率，而且无法满足日益增长的智慧矿山建设需求。

数据孤岛现象意味着即使收集了大量的数据，这些数据也无法被有效地整合和利用。智能化煤矿的背景下，数据的整合和分析对于提高矿山的生产效率、确保安全生产以及实现资源的可持续利用至关重要。然而由于数据孤岛的存在，各个系统之间的信息隔离导致了信息的重复收

[①]　程五一，曹垚林，王路军. 煤矿安全地理信息系统设计与开发 [M]. 北京：地质出版社，2011：3.

集和处理，增加了工作量，降低了工作效率。同时，由于缺乏有效的数据共享机制，不同系统之间的信息无法实现实时更新和共享，这在一定程度上增加了矿山运营的风险，影响了矿山管理的决策质量。数据孤岛现象已成为制约智能化矿山建设和发展的一个重要因素。

2.1.2 信息化滞后

煤炭行业在信息化技术的应用方面相对落后，这一挑战在当前社会信息化快速发展的背景下显得尤为突出。在过去几年中互联网和地理信息系统（GIS）等信息技术取得了飞速的发展，国家的一系列政策也在积极推动社会整体向信息化方向迈进。然而煤炭行业由于历史原因，其信息化水平仍然较为落后，不仅体现在生产和管理架构上仍然依赖于传统的人工管理模式，而且在空间数据处理方面，许多企业和业务部门仍然采用不适合处理空间信息的 AutoCAD 作为数据处理平台。这种现状无法满足信息化社会对数字煤矿、智慧煤矿、少人或无人煤矿的管理需求。

AutoCAD 作为一个计算机辅助设计系统，其数据模型、数据结构和数据处理方法都与 GIS 存在很大的区别。AutoCAD 主要应用于建筑设计和机械设计等领域，而在处理空间信息方面则显得力不从心。这种技术的局限性在煤炭行业的信息化进程中造成了一定的阻碍。由于缺乏适合的空间信息处理工具，煤炭行业在空间数据的管理和应用方面面临着诸多挑战，不仅影响了煤矿的生产效率和安全管理，也限制了煤炭行业在信息化和智能化方面的进一步发展。如果矿井安全防护设备和设施能及时、有效地利用地理信息系统提供的有关信息，将对控制灾害扩大、减少人员伤亡和财产损失具有重要意义。[1]

---

[1]　程五一，曹垚林，王路军 . 煤矿安全地理信息系统设计与开发 [M]. 北京：地质出版社，2011：5.

2.1.3 系统滞后

在当前煤矿行业的信息化进程中大部分应用仍然局限于二维系统。这种局限性导致了对三维或透明化矿山关键技术的攻关和工程建设实践的缺乏。二维系统的表现形式相对单一，无法全面、立体地展示矿山的地质结构、生产布局和安全状况，这种单一的表现形式限制了矿山管理者对矿山整体情况的理解和判断，影响了决策的准确性和效率。二维系统与在线监测等系统的结合也不够紧密，在线监测系统能够提供实时的生产和安全数据，但由于与二维系统的结合不紧密，这些实时数据无法被有效地整合和展示，从而降低了数据的应用价值。

更为关键的是，现有系统在动态数据处理方面的功能较弱，无法适应煤矿动态生产的需求。煤矿生产是一个动态变化的过程，生产条件和安全状况时刻在变化，对动态数据的实时处理和分析要求很高。由于现有系统在动态数据处理方面的能力有限，无法提供及时、准确的数据分析和决策支持，这在一定程度上增加了矿山生产的风险和不确定性。这种情况在紧急情况下尤为突出，如瓦斯超限、水害等突发事件发生时，现有系统可能无法及时提供有效的数据支持和应急方案，影响了矿山的安全生产。

2.1.4 煤矿分布式协同不完善

近年来，煤矿分布式协同"一张图"的概念在中国国土资源管理乃至煤炭空间信息管理领域得到了应用，并取得了阶段性成果，但是这一概念的实施并不完善，存在着一些明显的局限性。首先，目前的"一张图"主要是基于统一空间数据库的管理，而在实时业务协同方面却显得力不从心。这种局限性导致了"一张图"在实际应用中缺乏灵活性和实效性，无法满足煤炭行业生产矿井、二级公司到集团公司的高度一体化和协同化需求。因此，尽管"一张图"在理论上为煤炭工业信息化提供了一种可能的路径，但在实际操作中却难以满足煤炭工业信息化的全面要求。

其次，GIS 数据的协同更新虽然国内外许多学者进行了相关研究，并给出了一些概念性的理论框架和多用户协作原型系统，但这些成果距离实际应用还有一定的距离。这些原型系统在设计和功能上同样不适合煤炭工业智能矿山建设的需要。它们往往缺乏针对煤炭行业特定需求的定制化设计，无法有效地处理煤炭行业特有的复杂数据和业务流程。尽管这些原型系统在理论上为煤炭行业的智能化提供了参考，但在实际应用中却难以发挥预期的作用。这种现状反映出煤炭行业在信息化和智能化建设方面还面临着诸多挑战，需要更加深入和具体的研究和实践，以真正实现煤炭行业的智能化转型。

煤矿生产环境的复杂多变性对安全生产提出了极高的要求。为了实现这一目标，地测、一通三防（通风、防尘、防爆、防治水）、机电、生产等多个业务部门需要紧密协同，实时处理各种情况。这不仅涉及井下人员的定位和视频监控，还包括轨道运输、提升、安全监测、瓦斯抽采、供电、排水以及大型机电设备等多个方面。所有这些监控系统的综合运用，是为了对井下信息进行全方位的掌控，确保煤矿的安全生产。在这一背景下，利用地理信息系统（GIS）技术实现煤矿空间信息管理的一体化和协同化，成为我国煤炭工业智能矿山建设的关键技术之一。

结合煤炭工业信息化存在的挑战和实际需求，基于互联网和最新的空间信息技术提出了"一张图"的管理理念。这一理念的提出为智能矿山的顺利建设提供了技术保证。在"一张图"的管理理念下，煤矿的各个业务部门可以在同一平台上共享信息，实现数据的实时更新和交换。这种信息共享和协同工作模式，有助于提高煤矿的生产效率，同时也大大增强了对安全隐患的预防和应对能力。通过集成和分析来自不同部门和系统的数据，煤矿管理者能够更准确地评估矿山的整体状况，做出更为合理的决策。尽管目前"一张图"的实施还面临着一些挑战,但它无疑为煤矿行业的智能化和信息化发展指明了方向。

2.2　地理信息系统的理论框架与关键技术

2.2.1　灰色地理信息系统理论与模型

灰色地理信息系统的理论核心在于处理和分析地质勘探阶段的不确定性和不完全性。在地质勘探的早期阶段,由于只能依赖于有限的采样数据,如钻探数据,对煤层等三维地质体的预测和控制通常是对真实三维地质体的近似和模拟。这种预测和控制的不确定性和近似性构成了所谓的"灰色"信息。随着勘探或开采的深入,获取的数据逐渐增多,三维地质模型的真实状态也被逐步揭示,专家或生产技术人员对地下矿体的认识变得更加清晰。在生产的最后阶段,由于开采过程中巷道的掘进或工作面的回采,对煤层等地质体的三维表达将达到真实状态。这一过程可以被视为对煤层表达的由"灰"变"白"的过程,即从不确定性和近似性逐渐转变为确定性和精确性。

而传统的地理信息系统(GIS)软件在处理这些灰色信息方面存在局限性,为了解决这一问题,提出了利用灰色地理信息系统处理煤矿空间信息的思路。灰色地理信息系统属于智能地理信息系统的范畴,其核心在于构建时空数据模型,并处理煤矿地测工作中基于三维地质模型的动态数据。这种系统的应用不仅能够更好地处理和分析地质勘探阶段的不确定性和不完全性,还能够随着勘探和开采的深入,逐步提高数据的准确性和可靠性。通过灰色地理信息系统,可以有效地提高煤矿空间信息管理的效率和准确性,为煤矿的安全生产和有效管理提供有力的技术支持。

1. 定义与特点

灰色地理信息系统（Gray Geographic Information System，GGIS）是一种特殊类型的地理信息系统，它处理的是现实世界中真实存在的空间实体，这些实体的空间形态等参数固定不变，但由于控制数据的不足或认知上的缺陷，这些实体并不是完全已知的。GGIS 在计算机软件和硬件的支持下，能够对这些空间数据进行输入、存储、检索、显示、动态修正、综合分析和应用。GGIS 的核心特点在于，随着已知信息的不断增加，空间对象从灰色状态逐渐向白色状态转移。这种转变过程涉及三维地质模型的局部或全部重构，是一个动态的、渐进的过程。

与现有或商业化的 GIS 相比，GGIS 在数据模型、数据结构和数据处理算法方面都具有其特殊性，它能够处理灰色空间对象随着时间和数据的增加而发生的由灰到白的动态变化过程。形象地说，这种变化过程是从"黑色"、"深灰"逐渐变为"中灰"、"浅灰"，最终无限接近但不能完全达到"白色"的状态。GGIS 与传统 GIS 的区别主要在于研究对象的信息是否满足需求，或者是否被认为是完全的信息。如果信息是完全的，可以划归为白色或近白色 GIS；如果信息不完全，则划归为GGIS。从严格意义上讲，灰色是绝对的，白色是相对的。GGIS 的概念实际上涵盖了 GIS 系统的概念，但它更加注重于信息的不完全性和动态变化过程，这使得 GGIS 在处理不确定性和不完全性信息方面具有独特的优势。

灰色地理信息系统具有如下特点：

（1）动态修正特性。灰色地理信息系统（GGIS）的一个显著特点是对研究对象的动态修正能力，特别是在处理时空变化方面具有独特优势。GGIS 能够分析和处理灰色空间数据的时空变化，动态修正和快速更新空间对象的模型和图形。[①] 时空变化指的是空间对象随时间的变化，这种变化可以分为连续变化和离散变化两种类型。连续变化涉及研究对象属性、形状、空间位置的持续变化，例如疾病蔓延、城市扩张或车辆轨迹。而离散变化则是指空间对象在静止状态下，由于某一事件的发生而引起的状态突变，如城市区划调整或突发灾害的发生。在 GGIS 中，所处理的时空变化通常被视为离散变化，这就意味着 GGIS 所描述的三维地质模型变化是从一个状态到另一个状态的过渡，涉及研究对象的空间和属性特征的变化。其修正过程可简单表示为图 2-1。

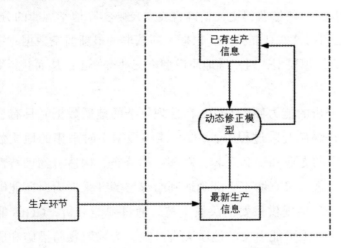

图 2-1　GGIS 数据动态修正简化过程

　　GGIS 中的动态修正过程是对空间实体位置、属性和形态等方面的不断精确化。在这个过程中 GGIS 能够根据新获得的数据和信息，对原有的三维地质模型进行更新和调整。这种动态修正不仅提高了模型的准确性，还增强了模型对现实世界变化的反应能力。例如在煤矿开采过程中，随着开采的深入和新数据的获取，GGIS 能够对煤层的空间分布、厚度、形态等进行更加精确的描述。这种动态修正能力使得 GGIS 在处

---

① 崔建军.高瓦斯复杂地质条件煤矿智能化开采[M].徐州：中国矿业大学出版社，2018：432.

理复杂的地质数据和空间信息时具有显著优势，尤其是在煤矿等地质资源的勘探和开采领域。通过动态修正 GGIS 能够提供更加真实和详细的地质信息，为矿山规划、安全评估和资源管理提供重要支持。

（2）智能分析特性。GGIS 的另一个显著特点是对研究对象的智能分析能力。这种能力使得 GGIS 不仅仅是一个传统的地理信息系统，而是属于智能地理信息系统的范畴。在智能地理信息系统中，传统的 GIS 平台被赋予了智能化的时空数据处理和分析模型。这些模型结合具体的地学知识和信息，通过数学分析、人工智能、神经网络、知识处理和决策支持等智能技术，能够获得更加精确且真实反映实际地学规律的分析结果。GGIS 正是利用这些智能技术，根据不断获取的最新时空数据，结合地学分析和专家知识模型，对三维地质模型进行动态修正，从而获得更加精确的三维地质模型。

智能分析的能力使得 GGIS 在处理复杂的地质数据时具有显著的优势，比如在煤矿开采过程中，GGIS 能够根据实时采集的地质数据，结合地质学家的专业知识和经验，对煤层的分布、构造、物理特性等进行深入分析。这不仅有助于更准确地判断煤层的开采潜力，还能够为矿山规划和安全评估提供重要的决策支持。通过智能分析，GGIS 能够预测和评估矿山开采可能引发的地质灾害风险，为采取预防措施和应急响应提供科学依据。

2. 数据模型

灰色地理信息时空数据模型的设计旨在提高 GGIS 处理灰色数据的能力，并自适应地解决地学问题。灰色地理信息系统需要专门的数据模型、数据结构和相关算法，以描述并处理灰色空间对象随着时间和数据的增加由灰到白的动态变化过程及相关数据。[①] 时空数据模型是存储时

---

① 崔建军. 高瓦斯复杂地质条件煤矿智能化开采 [M]. 徐州：中国矿业大学出版社，2018：435.

空对象的数据模型，根据其特点和应用需求，大致可以分为三类：序列快照数据模型、面向事件的数据模型和面向对象的数据模型。序列快照数据模型主要记录实体的时态变化，虽然相对简单，但数据冗余量较大。面向事件的数据模型则侧重于描述实体变化语义关系的事件与活动。面向对象的数据模型则侧重于表达实体变化前后关系的对象变化。针对灰色地理信息的需求，本文提出的时空数据模型属于面向对象的数据模型，这种模型更适合处理灰色地理信息系统中的复杂数据结构和动态变化。

　　GGIS 数据处理的概念模型涵盖了地质模型、巷道模型、积水区、采空区、陷落柱、断层、钻孔和揭露点等多种研究对象。数据处理和分析的基础是三维动态地质模型，而二维剖面、二维平面和三维模型数据则是地质模型的不同表现形式。随着最新精确数据（如回风巷、运输巷的实测点）的加入，结合系统的智能分析，可以实现平面、剖面和三维模型数据的动态更新。在数据结构中，点、线、面和体加入了灰度和状态标志，这使得预测或推断的数据能够再次被交互修改，而已知的数据点则保持不变。这种设计确保了 GGIS 的研究对象始终保持为当前最新状态，从而提高了数据处理的准确性和实用性。图 2-2 为 GGIS 数据处理的概念模型。

　　通过这种灰色地理信息时空数据模型，GGIS 能够有效地处理和分析煤矿等地质环境中的复杂数据。这种模型不仅能够反映地质实体的动态变化，还能够根据新的数据输入进行实时更新和修正。这对于煤矿安全生产至关重要，因为它能够提供更加准确和及时的地质信息，帮助矿山管理者做出更为科学和合理的决策。灰色地理信息时空数据模型在智能地理信息系统中的应用不仅提高了数据处理的精度和效率，还为地质资源的可持续开发和管理提供了强有力的技术支持。

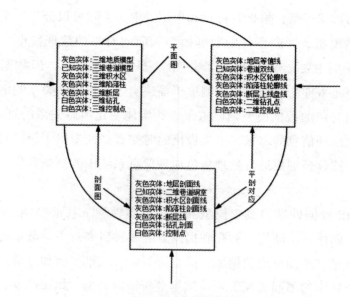

图 2-2　GGIS 数据处理概念模型

概念模型中灰色空间实体的特点如表 2-1 所示。

表 2-1　灰色空间实体特点表

灰色空间实体特点	详细描述
数据不完全	控制空间实体的数据不完全，仅为控制数据的一部分，无法精确描述空间实体的真实状态
数据并集	在任一时刻获取的空间实体数据及其属性为新老原始数据的并集。
数据推断	部分图形实体（点、线、面、体）的数据是推断的，非实际控制数据，可能存在错误
动态修改	系统能根据最新数据自适应地动态修改已有的三维模型、二维平面图形、二维剖面图形，使其尽可能反映地质体的真实状态
精确度提升	随着空间数据的增多，系统表达的空间实体将更加精确，状态（包括形态等参数）将更接近自然界中的真实状态

灰度状态的构成实际上是多个地理实体的综合表达。这些地理实体不仅包括基本的几何位置，还涵盖了属性信息、拓扑信息和语义信息等多种要素。灰度信息主要用于描述实体的精度或准确性，其当前状态的信息基于推断，通常被假定为正确。随着新的已知信息的加入，原有的推断信息会逐渐转化为确定信息，从而在模型中增加确定性信息的比例，同时减少不确定性信息。空间实体模型可能包含点、线、面、体以及复合体等不同类型的几何属性对象。模型还包含属性状态，记录了相关的属性信息、语义信息、灰度信息、时间信息以及专家知识等，以确保模型的全面性和准确性。一个典型的实体模型 UML 图如图 2-3 所示。

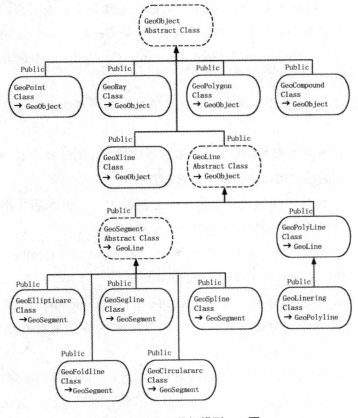

图 2-3　GGIS 数据模型 UML 图

此 UML 类图展示了一个地理信息系统（GGIS）数据模型的结构。图中的每个圆角矩形代表一个类，类名位于矩形的顶部。从左至右、上至下，可以看到以下类和它们之间的关系。

（1）GeoObject 类被表示为一个抽象类，这意味着它不能直接实例化，只能通过其子类来使用。这个类可能包含了所有地理对象共有的属性和方法。

（2）从 GeoObject 派生出多个子类，如 GeoPoint，GeoRay，GeoPolygon 和 GeoCompound。这些都是具体的地理对象，可以实例化并用于表示不同类型的地理数据。

（3）GeoLine 和 GeoSegment 类被标记为抽象类，表明它们也是用于派生更具体类别的基类。例如，GeoLine 是 GeoXLine 和 GeoPolyLine 的基类，而 GeoSegment 是 GeoEllipticarc，GeoSpline，GeoCirculararc 等类的基类。

（4）类与类之间的继承关系通过带有箭头的直线表示，箭头指向基类。

（5）所有的类都被标记为 Public，表明这些类对于整个系统是可见的，即它们的接口可以被系统中的其他部分所访问。

（6）实线与虚线的组合表示了类之间的关系。虚线通常指向抽象类，而实线指向可以实例化的具体类。

（7）类的复杂性从左到右逐渐增加，从单一的点（GeoPoint）到包含复杂结构的复合对象（GeoCompound）。

（8）在某些类旁边，如 GeoXLine 和 GeoSegment，存在一个带有加号的符号，这可能表明类具有一些扩展的特性或者其他特定的含义。

通过这个类图，开发者可以理解在 GGIS 中如何组织不同类型的地理对象及其关系，进而可以更有效地处理和操作地理数据。这张图还表明了系统设计中的可扩展性，因为新的地理对象类可以通过继承现有的抽象类来创建，从而无须修改现有系统架构。对于图 2-3 的详细解释见表 2-2。

表 2-2　GGIS 数据模型类继承结构表

类名	可见性	继承自	类型	描述
GeoObject	Public	N/A	抽象类	所有地理对象的基类
GeoPoint	Public	GeoObject	具体类	表示地理点
GeoRay	Public	GeoObject	具体类	表示地理射线
GeoPolygon	Public	GeoObject	具体类	表示地理多边形
GeoCompound	Public	GeoObject	具体类	表示复合地理对象
GeoXLine	Public	GeoLine	具体类	继承自 GeoLine 的具体类
GeoPolyLine	Public	GeoLine	具体类	继承自 GeoLine 的多折线类
GeoLine	Public	GeoObject	抽象类	表示线的基类
GeoSegment	Public	N/A	抽象类	表示线段的基类
GeoEllipticarc	Public	GeoSegment	具体类	表示椭圆弧段
GeoFoldline	Public	GeoSegment	具体类	表示折线
GeoSegline	Public	GeoSegment	具体类	继承自 GeoSegment 的具体类
GeoSpline	Public	GeoSegment	具体类	表示样条线
GeoCirculararc	Public	GeoSegment	具体类	表示圆形弧段
GeoLinering	Public	GeoPolyLine	具体类	GeoPolyLine 的特殊形态或扩展，表示具有特定特性的线性地理对象

2.2.2 GGIS 技术在煤矿业的应用

1. 煤矿传统数据共享方式

"一张图"协同服务技术在煤矿行业中的应用主要是为了解决煤矿地理数据的采集、处理、管理和表达所面临的挑战。煤矿地理数据是煤矿生产、安全管理、灾害分析与防治、应急救援、无人开采等环节的重要技术资料，这些数据不仅种类繁多、更新快，而且涉及煤矿地质、测量、采掘、设计、机电、运输、通风等各个业务部门，业务部门之间的数据交互频繁。煤矿地理数据的特殊性在于，用于生产、安全管理等的专题图形多达几十种，每种图形都有其特定的用途和适用业务，且对准确度的要求极高。传统上，这些图件以地质、测量图件为底图，不同业务部门在其上添加各自的专题内容，而地质、测量部门则将与生产密切相关的专题内容添加到地质、测量图件中。如图 2-4 所示。

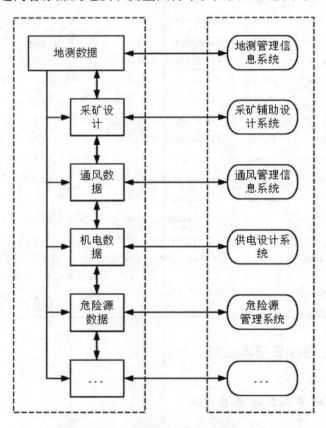

图 2-4　煤矿数据传统共享方式

这个过程中的数据交换主要由人工完成，交换的数据不包括煤矿地理要素的属性数据，存在显著的滞后性。由于煤矿生产涉及的业务部门众多，数据类型复杂，且缺乏统一的标准和管理，导致各专业（业务部门）间的信息共享困难，难以保证各专业（业务部门）使用的煤矿地理数据的一致性、共享性、现势性和完整性。针对这些问题，基于 GIS 的煤矿"一张图"解决方案采用云计算、大数据技术架构，利用成熟的互联网基础设施，将矿井各类专业图形集中管理，实现数据共享和动态更新。通过统一平台和数据库，实现各个专业共同的"一张图"，在线编辑各自的图形内容，实现在线协同工作。系统还通过计算机、移动设备、Web 在线等多种方式实现"一张图"数据的维护，多种设备终端的随时、随地浏览及查询。系统基于统一绘图平台的矿图制图系统，统一符号库，规范的图层分层及命名标准，提高了信息化系统的实用性和便利性。

2. "一张图"管理模式

煤矿"一张图"管理模式是针对传统矿图多专业分离的现状而设计的，旨在通过在线协同工作实现煤矿智能化管理。这一模式基于大数据集中存储及网络服务模式的创新，使得多终端、多人在线的矿图数据录入及编辑成为可能。在这个模式下，安全稳定的数据提交机制确保了煤矿地质、测量、通风、机电、生产管理等多个专业可以同时在线协同编辑，实现多部门间的协同办公。这种协同工作方式不仅加快了矿图数据的更新周期，还实现了各专业、各部门间矿图的即时动态更新，从而提高了煤矿生产和管理的效率。

"一张图"协同集中管理模式的实施对于多矿井、多专业的煤矿企业来说，意味着更高效的数据管理和更精确的决策支持。在这个模式下矿井的地质、测量、通风、机电和生产管理等数据不再是孤立和分散的，而是被集中管理和实时更新。这种集中管理的数据可以为矿井的安全评估、资源规划和灾害预防提供更加准确和全面的信息。由于数据的即时更新和多部门间的协同工作，矿井的应急响应能力也得到了显著提升。在遇到突发事件时，如瓦斯超限或水害等，相关部门可以迅速获取最新的矿图信息，制定有效的应对措施（见图 2-5）。

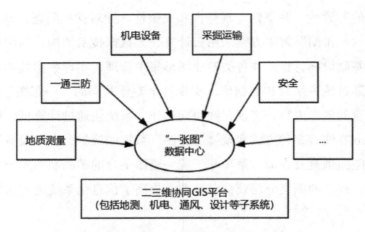

图 2-5　煤矿"一张图"协同管理系统

　　基于统一的地理信息系统平台，煤矿智能化管理的核心在于对各类矿井图形信息以及设施、设备等属性信息的一体化管理。这种管理方式允许用户在一个视图下查询巷道、工作面、安全监测、通风设备设施、工业视频、人员定位、调度通信、供配电设备、运输设备、供排水设备、监测点等与地理图形有关的信息。通过 GIS 网络协同平台，用户可以分专业录入、修改、更新及输出系统中的元素信息，实现矿井数据的协同、实时更新。同时系统在开放性和标准化原则的指导下支持多种格式的图形数据格式转换，并提供遵循 OGC 标准的 WMS 服务，可供外部调用作为矿图底图使用，还可以根据用户需求提供预留数据接口（见图 2-6）。

　　煤矿"一张图"管理的实施意味着地质、测量、防治水、通风、机电、生产采掘等不同部门的矿图被统一处理并存储在统一的空间数据库服务器中。这种"统一存储、协同工作"模式的矿区矿图管理服务平台，通过对多专业、多部门的矿图的统一管理和整合，制定矿图编辑、图层分层的标准与规范，整合和建立地测、通风、机电、生产设计等多专业协同的空间数据库。这样的统一平台不仅支持协同工作的矿图生产及应用系统，还支持矿图相关数据的集中管理及动态更新，实现基础矿图的集中统一管理和开发利用，构建全集团、多矿井协同化的"一张图"协同服务平台。这种"一张图"协同化的新型煤矿安全生产业务管理模式，将数据管理方式从文件变为数据库，同时保持各类专业应用功能和操作与用户传统的使用习惯及专业规范一致。平台模式的变化将 GIS 系统提升到了集中式部署和管理、网络化、多人协同工作的新层次。基于服务式架构的全新 GIS 平台可以实现矿井空间数据的即时更新和共享，将矿图数据的更新周期从传统的"按月更新"提升到"按小时更新甚至按秒更新"的层次，从而提高了矿井数字化水平和效率，为安全管理提供了更强大、更有效的技术支撑。

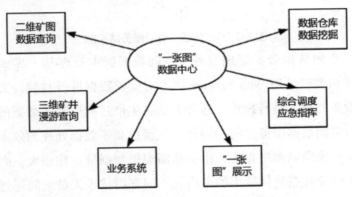

图 2-6　煤矿"一张图"业务集成与应用接口

3. "一张图"协同服务

煤矿"一张图"协同服务采用了基于统一矿图标准规范体系和集中存储管理的空间数据库。这种服务利用面向服务的架构（SOA），实现了符合 OGC 国际标准的地理空间数据共享接口，为生产技术数据的深入分析和与现有业务系统的整合提供了坚实的基础。煤矿"一张图"协同服务的主要功能包括空间数据版本管理服务、网络地图服务、在线编辑服务和统一身份验证服务，这些服务共同构成了煤矿智能化管理的关键组成部分，其整体结构参考图 2-7。

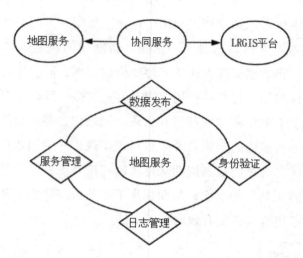

图 2-7 "一张图"协同服务结构图

（1）空间数据版本管理服务。空间数据版本管理基于煤矿数据协同的特征和类型采用 Web Service 技术对煤矿数据进行封装，实现以空间数据服务的形式进行操作。这种方法将生产过程中基于数据的协同制图转换为空间数据服务之间的协作，从而提高了数据处理的效率和准确性。在煤矿协同制图过程中，由于地图编辑数据量往往较大，因此基于现实需求以及提高整体效率的考虑，不同部门技术人员之间通过异步消息机制实现数据的同步和协同。这种方法不仅提高了数据处理的效率，还保证了数据的准确性和一致性。

对于多用户并发访问的情况采用控制级冲突解决方案，有效避免了协同编辑过程中可能产生的冲突。利用对象锁模式对不同粒度的对象（如实体、实体集合、图层）的可见性和可操作性进行加锁处理，防止多个事务对同一对象的写操作产生冲突。这种方法不仅提高了数据处理的安全性，还保证了数据处理过程的稳定性和可靠性。通过这种空间数据版本管理服务，煤矿智能化管理能够更加高效和精确地处理大量的空间数据，为煤矿的安全生产和有效管理提供了强有力的技术支持（见图 2-8）。

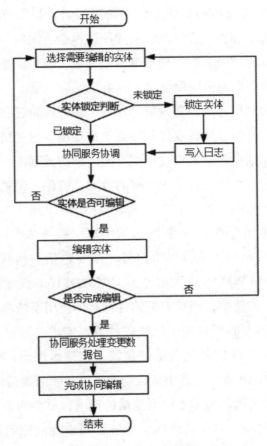

图 2-8　同步协同地图编辑流程

　　图 2-8 是一个协同制图过程的地图编辑数据流程，描述了如何在多用户环境中处理并发访问和编辑，以避免冲突。

　　流程启动时选择一个待编辑的地图实体，随后系统会判断该实体是否已被加锁。如果未加锁，则系统将锁定该实体并记录此操作到日志中；如果实体已被加锁，表明另一个编辑会话正在进行，此时进入协同服务协调阶段。协同服务协调是一个关键步骤，它确保在实体被锁定的情况下，所有用户的编辑请求都能得到妥善处理，防止编辑操作之间的直接冲突。

接下来系统检查被锁定的实体是否可编辑。如果可编辑，用户将对实体进行编辑。编辑过程中系统会周期性地检查编辑是否完成。一旦用户完成编辑，协同服务会处理更改的数据包，包括同步更新到数据仓库，并确保其他用户的协同编辑与这些更改保持一致。

最后经过协同服务处理更改数据包后，协同编辑任务完成，至此流程结束。整个流程的设计旨在优化协同工作环境，通过精心设计的控制机制，最大程度减少并发编辑过程中可能出现的数据不一致问题。这种方法提高了多用户协同编辑地图数据的效率，确保了编辑质量，维护了数据的完整性。

（2）网络地图服务。"一张图"网络地图服务基于网络服务技术，其服务体系的核心在于提供网络服务，主要包括空间数据 Web 服务、WMS 地图服务和 WMTS 地图服务。空间数据 Web 服务作为数据使用者和生产者之间的桥梁，连接前端的各种具体应用系统和后端的数据服务。这种 Web 服务的职责在于接收各种数据需求，并对这些需求进行初步处理，包括权限判断和数据打包等。在技术层面，Web 服务采用 HTTP 协议和 SOAP 协议，其中负载均衡和服务间的通信协议是 Web 服务设计与实现的关键。为了支撑大流量的请求，负载均衡服务器能够感知 Web 服务的状态，确保请求不会被转发到出现故障的服务器上。一旦故障服务器修复，它又能重新参与到请求的处理中。

WMS 地图服务则是将数据封装为网络地图服务，这是当前数据共享的常用方法。在煤矿协同制图体系中，这种方法被广泛采用，并且考虑到煤矿数据在不同应用场景中的需求，设计了动态和静态网络地图服务模式。静态网络地图服务适用于地图更新缓慢或基本不更新但使用频率较高的场景，例如矿区地形图和一些不需要经常更新的图层。而对于需要频繁编辑更新的图层，如采掘工程平面图等，则采用动态网络地图服务，以确保数据的实时性和准确性。这种动态和静态的服务模式结合，使得煤矿"一张图"服务能够更加高效地满足不同场景下的需求，从而在煤矿智能化管理中发挥关键作用。

（3）在线编辑与统一身份验证服务。在线编辑服务允许用户通过网络直接在地图上进行数据的添加、修改和删除，它的实现大大提高了地图数据更新的效率和准确性，尤其是在煤矿这种需要频繁更新地理信息的环境中。用户可以根据实际情况，如开采进度、地质变化等，实时更新地图信息，确保地图数据的时效性和准确性。在线编辑服务的设计考虑了多用户协作的需求，支持多个用户同时对地图进行编辑，而且能够实时显示其他用户的编辑内容，从而实现数据的实时共享和协同工作。

统一身份验证服务则是为了保证"一张图"系统安全性和数据完整性。在煤矿"一张图"系统中，各种敏感的地理信息和关键数据需要得到妥善保护，以防止未经授权的访问和潜在的数据泄露风险。统一身份验证服务通过对用户身份进行验证和授权，确保只有授权用户才能访问系统和进行数据编辑。这种服务通常包括用户名和密码验证、角色和权限管理等功能，确保不同级别的用户根据其角色和权限访问相应的数据和功能。一名普通的技术员可能只能访问特定区域的地图数据，而管理层则可能拥有对整个矿区地图数据的访问权限。统一身份验证服务的实施不仅提高了系统的安全性，还有助于维护数据的一致性和完整性。

2.2.3 智能化图形处理技术

煤矿空间数据的一个显著特点是其动态变化性，这意味着数据不是静态的，而是随着矿区开采活动的进展而持续变化。此外由于煤矿地下环境的复杂性，大部分数据还具有所谓的"灰色"特性，即数据具有不完全性或不确定性。煤矿 GIS 在处理采、掘、机、运、通等业务相关的专业图形时，面临着一系列专业图形处理及协同处理的关键技术问题。

这些技术问题的核心在于如何有效地处理和协调与采矿、掘进、机械、运输和通信相关的专业图形数据。在煤矿环境中这些数据不仅需要精确地反映地下的实际情况，还需要能够快速响应环境的变化。比如采矿活动可能会导致地下结构的变化，这些变化需要实时地在 GIS 中得到更新和反映。煤矿 GIS 还需要处理来自不同部门和系统的数据，这就要求系统具有高效的数据整合和协同处理能力。为了解决这些问题，煤矿 GIS 系统不仅要采用先进的图形处理技术，还需要结合煤矿行业的具体需求，开发出适合煤矿环境的协同处理机制和工具。

这种专业图形处理技术和协同处理机制的开发和应用对于提高煤矿智能化管理的效率和安全性至关重要。它们不仅能够提供更加准确和实时的地下环境信息，还能够促进不同部门之间的信息共享和协作，从而提高整个矿区的管理效率和响应能力。通过这些技术的应用，煤矿管理者能够更好地理解和控制矿区的生产活动，及时发现和应对可能的安全隐患，确保矿工的安全和矿区的稳定运营。

1. 地测空间管理技术及相关算法

地质和测量数据构成了数字矿山地理空间的基础，并为采、掘、机、运、通等专业提供了重要支撑。地测空间管理信息系统的建设涉及一系列核心算法，这些算法的设计和实现对于确保系统的高效运行和数据处理的准确性至关重要。

空间变量插值算法是地测空间管理的基础，它能够准确地估算地质空间中未直接测量点的数据值，对于理解和预测矿区内部的地质变化至关重要。含逆断层的复杂 TIN 模型和煤层底板等高线的自动生成算法，使得复杂地质结构的可视化和分析成为可能，它能够自动处理地质数据，生成详细的地质模型和底板等高线，为矿区的开采提供了重要的地质信息。任意比例尺局部图形的自动生成算法允许用户根据需要生成特定比例尺的局部地图，这对于特定区域的详细分析和规划非常有用。

采掘工程平面图和综合水文地质图的自动生成算法则是地测空间管理系统中的又一重要组成部分，它们能够根据现有数据自动生成采掘工程和水文地质图，为矿区的水文地质条件提供直观的视图。剖面地层线的拟合、交互处理和编辑功能则使得用户能够更加精确地处理和编辑地层数据，提高了剖面图的准确性和实用性。栅格矢量化算法和切割预想剖面图算法则分别用于将栅格数据转换为矢量格式和生成预想的剖面图，这对于数据的进一步分析和应用非常重要。

素描图巷道线的自动延伸算法和掘进、回采地质说明书的自动生成算法则是地测空间管理系统中的创新应用。前者能够自动延伸巷道线，简化了地图绘制过程，而后者则能够根据地质数据自动生成详细的掘进和回采地质说明书，为矿区的开采提供了重要的参考资料。这些算法的应用不仅提高了地测空间管理的效率，还提升了数据处理的准确性，为煤矿智能化管理提供了坚实的技术基础。

2."一通三防"管理技术及相关算法

"一通三防"管理信息系统是在 GIS 平台的基础上建立的，它是集通风专业、图形绘制和计算于一体的计算机信息化管理系统。系统的一个重要功能是提供专业的通风图形制图工具，用于完成通风系统图、防尘系统图、矿井避灾路线图、通风安全监测监控系统图、抽放瓦斯系统图、通风网络图、压能图等图形的交互或自动绘制。这些图形不仅直观地展示了矿井的通风系统布局，还为通风安全监测提供了重要的视觉辅助。另一方面，系统还能完成通风网络模拟解算、阻力测定计算等数值计算，为矿井通风管理提供了科学的决策支持。

"一通三防"管理信息系统的核心在于其大量核心算法。通风网络图绘制及拓扑联动算法使得通风网络图的创建更加高效和准确，保证了通风系统的实时更新和正确性。自动生成通风网络图算法进一步提高了工作效率，减少了人工绘图的错误和遗漏。通风网络模拟解算算法则能够模拟通风网络在不同工况下的运行状态，为通风系统的优化提供了重要依据。通风阻力计算算法用于计算矿井通风系统的阻力，对于保证通风系统的有效运行至关重要。瓦斯涌出预测模型则是预测矿井瓦斯涌出量的重要工具，对于瓦斯事故的预防和控制具有重要意义。事故树分析及其计算模型为矿井安全事故的预防和应对提供了科学的方法和工具。

3. 生产辅助设计技术及相关算法

采矿设计的内容广泛，涵盖了矿井生产的各个方面，包括掘进设计和回采设计，统称为采掘设计。根据类型的不同，采矿设计还可以分为方案设计、工程设计与专业设计。每年矿井在设计方面都需要投入大量的人力和物力。一旦矿井投产，矿井设计部门的主要任务就是维持矿井的正常生产，并进行相应的设计工作。生产辅助设计系统的建设同样涉及大量的算法。

单元体模型算法是生产辅助设计系统的核心，包括几何模型、参数模型和机制模型。这些模型能够精确地模拟矿井的地质结构和采矿条件，为设计提供了坚实的基础。基于 GIS 的可扩展数据结构使得设计系统能够灵活地处理各种类型的地理和地质数据，提高了数据处理的效率和准确性。开放的计算参数设计方法则为设计提供了更多的灵活性和适应性，使得设计能够更好地适应矿井的实际条件和需求。

接下来以单元体模型算法及基于 GIS 的可扩展数据结构为例来进行详细的讲解。

（1）单元体模型算法。单元体模型算法通过精确描述矿井空间实体的几何、属性和功能特征，有效实现矿井空间的高效管理和优化。在智能化背景下，单元体模型算法不仅限于静态的空间实体描述，而是通过动态交互和实时更新，提升矿井的运营效率和安全水平。

矿井中的空间实体，如巷道、硐室及其支护和机电设备，这些实体以独立的形式存在，每个实体都有自己的结构和几何特征，同时又与矿井的整体布局紧密相连。单元体模型算法通过对这些实体的几何特征和属性特征进行精确描述，实现了对矿井空间的有效管理。数据模型的应用不仅有助于实现高效的空间管理，还能对矿井中的机电设备、支护结构进行优化配置。

随着矿井条件的变化，如巷道宽度的调整或采矿方式的改变，单元体模型算法能够动态调整相关的空间实体。这种动态调整不仅限于单一实体，还涉及实体间的相互关系和拓扑结构。当巷道宽度变化时，与之相关的锚杆、设备等也需要相应调整位置和布局，以保证矿井的安全和效率。单元体模型算法在这里展现了其动态适应性和灵活性，为煤矿智能化提供了强大的技术支持。

单元体模型算法还支持对矿井环境的实时监控和预测。通过对矿井中各个空间实体的持续跟踪和数据分析，该算法能够及时发现潜在的风险点，如不稳定的地层、异常的设备运行状态等。这种实时监控和预测能力对于提高矿井安全性至关重要。在煤矿智能化的过程中，通过集成先进的传感器技术和物联网设备，单元体模型算法能够实现更高级别的自动化和智能化，从而大幅提升矿井的安全性和生产效率。单元体模型算法包括几何模型、参数模型和机制模型三个主要部分，每个部分针对矿井设计和运营的不同方面提供特定的功能。

几何模型是单元体模型算法中定义单元体外观属性的部分，包括颜色、线形、线宽和标注样式等。这一模型直接影响到矿井的视觉呈现和空间感知。在复杂的矿井环境中，通过定义多种样式并存储于几何模型中，可以使单元体相关个体的几何属性自动改变，从而适应矿井环境的变化。这种灵活性和动态性在煤矿智能化中尤为重要，能够确保矿井设计的准确性和实用性。

参数模型则专注于记录和管理单元体的设计参数，如尺寸、形状和位置等。这一模型的关键在于参数化制图机制，它允许与用户在设计参数层面上进行交互，从而直接与设计人员的设计思维契合。在煤矿智能化中，参数模型不仅提高了设计的灵活性和效率，而且通过在图形个体之间建立拓扑关系，保证了设计的一致性和连续性。设计参数的任何变化都能通过业务逻辑自动运算，实现从顶层到单元体的逐级变化与自动调整，从而保证设计的准确性和实用性。

机制模型在单元体模型算法中扮演着消息传递和响应的角色。由于矿井设计涉及多种单元体，这些单元体之间存在着复杂的相互作用和依赖关系。机制模型通过定义事件和方法，确保单元体在变化发生时能够及时发出消息并对接收的消息作出适当的响应。这种机制在煤矿智能化中极为重要，因为它确保了信息的及时传递和处理，提高了矿井运营的效率和安全性。

煤矿智能化中的单元体模型算法不仅局限于矿井设计阶段的应用，在矿井的日常运营中，通过实时更新几何模型和参数模型，可以对矿井内部结构进行实时监控和调整，以应对矿井环境的变化。机制模型则在矿井安全管理中起着至关重要的作用，例如在监测到潜在的安全风险时，能够迅速传递信息并采取相应的安全措施。

随着信息技术和自动化技术的不断发展，单元体模型算法在煤矿智能化中的应用也在不断拓展。结合物联网和人工智能技术，单元体模型能够更加精确地模拟和预测矿井环境的变化，为矿井管理和决策提供更加丰富和准确的数据支持。

（2）基于 GIS 的可扩展数据结构。在煤矿设计和管理的领域中，随着数据量的日益增长和需求的不断变化，传统的数据结构已无法满足当前的需求。传统数据结构，如结构体或二维表，面对采矿设计中庞大且不确定的数据量时显得力不从心，主要是因为在需求变化时常常需要设计全新的数据结构，而这些新结构往往与旧系统不兼容，导致兼容性问题，使系统的开发和维护变得异常复杂和困难。

而基于 GIS 的可扩展数据结构就可以很好的解决这个问题。这类数据结构的设计理念是在旧结构的基础上进行扩展，而不是完全替换。所以当引入新结构时，旧系统能够安全地适应这些变化，避免了程序崩溃的风险。新系统在访问旧系统时也能兼容旧数据结构，对新扩展的数据部分采用默认值处理，从而保证了新旧系统间的无缝对接。

　　为了确保系统具有良好的兼容性，基于 GIS 的可扩展数据结构遵循一系列规则。首先参考 COM 接口规范，新结构必须在旧结构的基础上进行扩展，且只能增加数据成员，不能删除原有数据成员。其次所有新增的数据成员必须有默认值，这样新系统在处理旧结构时，可以方便地对新数据成员采用默认值，以实现兼容。最后当旧系统访问新结构时，必须保证不会因截断新结构而导致数据结构发生变更。

　　这种基于 GIS 的可扩展数据结构采用了树状结构，树状结构的优点是层次丰富，能够容纳大量数据，特别适合于处理采矿设计中的复杂数据。在这种结构中节点之间采用链表方式关联，同时每个节点都有自己的名称，便于通过名称快速查找节点。这种方法结合了链表灵活的组织结构和基于名称的快速查找机制，既增强了数据结构的扩展性，又解决了链表在循环查找时速度慢的问题。每个节点可以挂接子节点，子节点继续挂接子节点，形成了一个丰富的层状结构，这样的结构足以承载采矿设计中的庞大数据量，并保证数据结构的清晰和有序。

　　目前这种基于 GIS 的可扩展数据结构已在实际中得到应用，程序代码命名为 DoeNode。DoeNode 的实现体现了现代数据结构设计的趋势，即灵活性与扩展性的结合。在采矿设计中，DoeNode 可以有效管理和处理大量复杂的数据，支持高效的数据查询和更新操作。由于其出色的兼容性，DoeNode 使得系统的升级和维护变得更加容易，从而大大降低了系统维护的成本和复杂度。图 2-9 是一个典型的可扩展数据结构树状图。

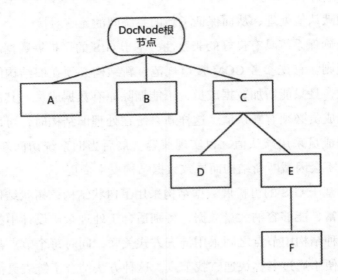

图 2-9　可扩展数据结构树状图

可扩展的数据结构可以更好地适应需求的变化和技术的发展，它不仅能够记录参数和属性，还能够记录不同单元体之间的关联关系。这些关联关系可以是同级单元体之间的，也可以是父单元体与子单元体之间的。这种灵活的关联机制使得数据结构能够更好地映射复杂的现实世界关系，为数据的组织和管理提供了更高的效率和更大的便利。

在程序应用过程中，当出现新的参数或需求变更时，开发人员可以简单地在原有数据结构的根节点或其他子节点下进行扩展，而不需要重构整个数据结构。这种设计允许数据结构在不影响现有系统功能和稳定性的前提下，灵活地适应新的需求，既可以保证数据结构的持续性和稳定性，又能满足日益增长和变化的应用需求。

而通过保留旧数据结构的同时扩展新的结构，新系统可以无缝对接旧系统，实现平滑过渡。这不仅减少了系统升级换代的复杂性和风险，也为系统的持续发展提供了坚实的基础。

2.2.4 透明化矿山理念下的煤矿多业务数据共享

透明化矿山概念的核心在于利用先进的信息技术，实现矿井数据的全面集成和实时共享，其不仅涵盖了矿井的物理空间，还包括了各类业务数据，如监测数据、供电信息、人员定位等。

在透明化矿山中，三维环境的构建是实现多业务数据集成的基础。这一环境包括多个方面：工业广场的三维可视化提供了矿区的整体视图，包括矿山布局、地面建筑等；巷道的三维可视化则重现了井下的复杂网络结构，包括巷道的方位、尺寸和连接情况；煤层的三维可视化则展示了煤矿的地质结构，为采矿规划和管理提供重要信息。三维井上下对照功能则将地面和井下的信息进行整合，实现信息的全面对比和分析。

举例来说，供电信息的实时显示能够让管理人员随时掌握电力系统的状态，确保矿井的正常运作；瓦斯监测系统和人员定位系统的集成则能够实时监控井下的安全状况和人员分布，及时响应各种紧急情况。这些实时数据的集成和展示，极大地提高了矿井管理的效率和安全性。

除了数据的集成和展示，透明化矿山还包括了更为丰富的功能。例如基于三维巷道的三维动画显示能够模拟井下作业的实际情况，为培训和规划提供了强有力的工具；井下设备的三维可视化与管理则使得设备的维护和调度更加高效、直观。三维漫游和三维剖切功能则为用户提供了从不同角度和层面了解矿井的机会，增强了信息的可理解性和可操作性。三维线路展示可以清晰地展现矿井内部的输送线路和通信网络，为矿井的日常运营提供支持。

透明化矿山的实现还离不开综合自动化系统和监测监控系统的支持。综合自动化系统通过集成控制和管理矿井的各个方面，提高了矿井的自动化水平和生产效率。监测监控系统则通过实时监控矿井的各种参数，确保了矿井操作的安全性。

2.3 地理信息系统功能模块及其实现方法

2.3.1 GIS 系统平台的构建与功能

1.GIS 系统平台构建目标

现实世界在空间上应该是三维的,即地球上任何一个地点的定位信息应该包括经度、纬度和高程。[①] 构建三维 GIS 平台的目标是整合和管理海量的煤矿空间数据,包括地质、测量、水文、储量、采矿、通风、机电、安全和设计等各个生产环节的信息。这些信息的特点是数据量庞大且更新速度快,因此系统的设计需要特别关注数据的一体化管理和信息共享。GIS 平台的建设旨在为煤矿空间数据提供一个结构先进、功能全面的管理和应用环境。通过这个平台,不同的专业系统可以实现信息的互联互通,从而避免了数据孤岛的出现,提高了数据使用效率。在这种集成化的环境下,各系统间的信息共享变得顺畅,有助于提高煤矿生产的决策质量和响应速度。

GIS 平台还旨在简化煤矿专业应用系统的开发过程。通过提供统一的数据接口和应用框架,GIS 平台能够减少各个专业系统开发过程中的重复工作,降低开发成本,缩短开发周期。这对于保持煤矿信息化系统的灵活性和可扩展性具有重要意义。

GIS 平台的另一个重要功能是提供空间数据的 Web 发布能力。这意味着煤矿的空间数据不仅可以在内部系统中使用,还可以通过互联网向更广泛的用户提供服务。这种数据发布功能不仅提高了数据的可访问

---

① 高慧君,蒋波涛.智慧的空间位置 智慧城市时代的 GIS[M].北京:测绘出版社,2014:95.

性，也为煤矿管理和决策提供了更加广阔的视角。

2.GIS 系统平台架构

GIS 平台系统的架构设计需要考虑到煤矿业务的复杂性和多样性，涵盖多个部门、专业和管理层级。GIS 平台的主要任务是围绕地质、测量等核心数据，建立一个能够实现煤矿空间信息共享和 Web 协作的平台。这种设计不仅是为了提高数据的使用效率和准确性，也是为了促进不同部门和专业之间的协同工作。

煤矿安全生产技术综合管理信息系统是 GIS 平台体系结构的重要组成部分。该系统依托于煤矿空间管理信息系统，目的是通过集成和分析煤矿空间数据，提供全面的安全生产监控和管理。这包括但不限于矿井结构的可视化、安全监控数据的实时分析和预警以及事故应急响应的指导。该系统的设计旨在提高煤矿安全管理的科学性、实时性和准确性，从而降低安全事故的风险，保障矿工的生命安全和矿山的稳定运行。

先进的煤矿空间管理信息系统的构建是对海量煤矿空间数据进行高效管理和分析的必然要求。该系统需要具备强大的数据处理能力，能够处理来自地质勘探、测量、采矿、通风等各个环节的大量数据。通过对这些数据的有效管理和深入分析，系统能够为矿井设计、运营决策和风险管理提供科学依据。

基于 GIS 平台的信息共享和 Web 协同是煤矿信息化建设的另一重点。通过建立统一的数据分享和协作平台，不同部门和专业之间可以实现信息的实时共享和有效协作。这种协同作用对于提高决策效率、优化资源配置和提升生产效率具有重要意义。特别是在 Web 环境下，信息系统的可访问性和操作便利性得到了极大的提升，有助于实现远程管理和实时监控，进而提高整个煤矿企业的管理水平和市场竞争力。

3.GIS 系统平台特性

GIS 系统平台的特性总结见表 2-3。

表 2-3　GIS 系统平台的特性

功能优势与特点	详细说明
先进性	系统紧密结合最新的信息技术
SOA 架构与组件式技术开发	采用 SOA 架构，基于数据集成的开发思路，实现多部门、多专业、多管理层面的空间数据共享与交换
专业业务处理能力	将图形编辑功能与数据管理、查询和空间分析功能结合，针对煤炭专业的具体特点
使用空间数据引擎技术	减轻系统维护工作量，增强系统稳定性与可扩展性，实现专业功能组件化
灵活的数据存储方式	完全支持空间数据库，实现专业数据共享与多源数据无缝集成
二次开发能力	提供丰富的二次开发接口，包括底层 API 和控件开发，支持不同层次用户的二次开发需求
支持地图矢量化功能	提供全自动、交互式地图矢量化功能，以及面向地质对象的矢量化方法，解决数据采集问题
标准岩性编码与专业符号库	建立完善、符合行业规范的标准岩性编码与专业符号库，提供图例制作和管理工具
强大的地图显示效果	精美的地图显示，强大的排版布局环境，支持打印预览、裁剪打印输出和各种打印机及绘图仪
支持"一张图"技术	实现远程监测监控数据集成，如综合自动化、人员定位、矿压监测等
实现三维可视化与建模	工业广场、巷道、煤层和地层的三维可视化与一体化建模，井下监测监控信息展示，三维动画、漫游、剖切、线路展示等
数据转换支持	支持与 AutoCAD、MapGIS、MapInfo 等系统的数据转换，提供明码交换格式

　　GIS 系统平台紧密结合了最新的 IT 技术，采用了 SOA 架构和组件式技术开发，提出了基于数据集成的开发思路，从而便于实现多部门、多专业、多管理层面的空间数据应用共享和交换。平台针对煤炭专业业务处理的具体特点，将图形编辑功能与数据管理、查询和空间分析功能

有机结合，使其既强大又方便实用。

　　系统采用的空间数据引擎技术减轻了系统维护的工作量增强了系统的稳定性和可扩展性，通过实现地质、测量、采矿、通风、设计、供电、安全等专业功能的组件化，用户可以根据需求进行灵活定制。数据存储方式灵活，完全支持空间数据库，实现了煤炭各专业数据的共享和多源数据的无缝集成。

　　平台具备强大的二次开发能力，提供了丰富的二次开发接口，包括底层 API 和控件开发，为不同层次的用户提供了二次开发支持。为解决煤炭信息化中的数据采集问题，平台提供了全自动和交互式的地图矢量化功能，并提出了面向地质对象的矢量化方法。同时，建立了完善且符合煤炭行业规范的标准岩性编码和专业符号库，并为用户提供了便捷的图例制作和管理工具。

　　在地图显示效果方面，平台表现精美，提供了强大的地图排版布局环境，并支持打印预览、裁剪打印输出及各种型号的打印机和绘图仪。利用"一张图"技术，平台实现了远程监测监控的数据集成，如综合自动化、人员定位、矿压监测等。

　　三维 GIS 是二维 GIS 的维度提升，但这种提升并不意味着简单地使用"体"对象替代传统的"点、线、面"。[①]平台能够实现工业广场、巷道、煤层和地层的一体化三维建模和可视化，包括基于三维巷道的井下监测监控信息展示、三维动画显示、井下设备的三维可视化与管理、三维漫游、三维剖切和三维线路展示等。并且系统平台同时支持与AutoCAD、MapGIS、MapInfo 等系统的数据转换，并提供明码交换格式，进一步增强了系统的兼容性和灵活性。这些功能的集成使该平台成为煤炭行业中高效、全面的信息化解决方案。

①　高慧君，蒋波涛. 智慧的空间位置　智慧城市时代的 GIS[M]. 北京：测绘出版社，2014：96.

2.3.2 地测空间管理信息系统的构建与功能

1. 地质数据库管理信息系统

地质数据库管理信息系统是专为矿山地质数据及矿井生产特点量身定做的系统。这一系统采用模块化层次型结构的设计，能够有效处理和管理矿山地质数据。系统的设计核心是为了满足矿山地质数据管理的特殊需求，包括数据的存储、处理、分析和可视化。系统的主要组成部分包括文件操作、数据管理、数据初始化、用户管理和报表管理这五大模块，每个模块都针对特定的功能和操作进行了优化设计。

在地质数据库管理信息系统中，所有的数据管理都是基于表的。这种设计使得数据的存取和处理变得更加高效和灵活。系统支持矿井地形地质图、煤层底板等高线图、储量计算图、地质剖面图、煤岩层对比图、地层综合柱状图、井巷地质素描图以及回采工作面巷道预想剖面图等多种图件的自动绘制。这些功能的实现极大地提高了工作效率，减少了人为错误，提供了更加准确和详细的地质信息。

该系统还具备强大的报表管理功能，可以自动生成和打印各种报表，从而满足矿山管理和决策的需求。这些报表不仅提供了详尽的数据信息，还通过图表和可视化手段，使得信息的解读变得更加直观和便捷。

在具体的数据管理方面，系统涵盖了勘探线数据管理、地震勘探线数据管理、钻孔数据管理、煤层管理和断层数据管理等多个方面。这些管理功能覆盖了矿山地质数据管理的各个重要领域，确保了数据的完整性和准确性。同时，系统还提供了剖面数据提取、煤岩层对比图数据提取、钻孔综合柱状图数据提取、层间距数据提取等功能，这些功能使得数据的分析和应用变得更加高效和深入。

系统中的基础数据管理模块提供了数据录入、定位查询、追加、插入、删除及返回等命令。这些命令的设计充分考虑了用户操作的便利性和数据处理的灵活性，使得用户能够轻松地管理和操作大量的地质数据。

2. 测量数据库管理信息系统

测量数据库管理信息系统的设计是为了有效管理和处理矿山测量相关的数据。这个系统每个模块都针对特定的数据类型和处理需求进行优化设计。系统各个功能模块及其详细内容见表 2-4。

表 2-4　测量数据库管理信息系统模块

功能模块	详细内容
定点交会数据管理	包括后方交会和方向交会的管理
导线测量数据管理	管理和计算支导线、闭合导线、附合导线、复测支导线、罗盘支导线等数据。自动进行边长改正和观测数据计算，将观测数据转化为导线计算的输入数据
导线成果数据管理	汇总各类导线测量数据的计算成果。支持人工输入成果数据和从计算台账中自动转化为成果台账
贯通误差预计	预计贯通水平方向上的误差，基于实际坐标和假定坐标系的旋转角。可以通过改变夹角预计不同方向上的误差，并改变旋转角来调整贯通方案
其他工具与管理	包括全站仪坐标成果导入、陀螺定向观测、四等及碎部水准测量、坐标正反算、高斯投影正反算、坐标换带计算、导线查询管理等功能
数据查询	基于导航检索方式查询基础数据，形成成果表
系统管理	包括数据导入、导出，用户管理，系统设置和数据提取等功能

测量数据库管理信息系统的设计基于矿山测量数据处理的复杂性和多样性。通过集成多个专门的功能模块，系统能够满足矿山测量数据管理的各种需求。例如定点交会数据管理和导线测量数据管理模块能够处理和计算复杂的测量数据，而导线成果数据管理模块则能够汇总和管理

这些数据的最终成果。贯通误差预计模块则为矿山测量中的误差控制提供了重要工具。

系统中的其他工具与管理模块提供了多种辅助工具和管理功能，如全站仪坐标成果的导入和陀螺定向观测，这些功能使得系统的应用更加广泛和灵活。数据查询模块则提供了强大的数据检索功能，帮助用户快速找到所需的数据。系统管理模块确保了系统的正常运行和数据安全，包括数据的导入导出、用户管理和系统设置等。

3. 地质图形子系统

地质图形子系统包含多个功能模块，每个模块都专注于特定类型的地质数据处理和图形生成。系统各功能模块及其详细内容见表 2-5。

表 2-5　地质图形子系统功能模块表

功能模块	详细内容
地质图形处理	处理钻孔柱状图、综合柱状图、煤岩层对比图等多种地质图形
数据库内容获取	自动获取地质数据库内容，展布钻孔数据与相关信息
地质模型建立	建立矩形网和三角网地质模型，生成各种等值线图，适用于复杂构造
储量计算	自动计算封闭区域面积，完成储量计算和块段图例符号绘制
自动图形生成	快速生成各种比例尺的地质图形，如水文地质图、单孔柱状图等
平剖对应	实现平剖对应和动态修改，读入多层煤的底板等高线
钻孔注记	钻孔小柱状注记到钻孔位置或图形边界，自动标记底板标高等信息
剖面图处理	处理剖面图断层的追加、删除、移动、旋转和自动处理
地层注记	自动注记地层、煤层结构、勘探线方位等信息
剖面绘制处理	处理煤层中顶煤、底煤及采空区，自动充填钻孔柱状岩性
柱状图自动生成	单孔柱状图的自动生成和自定义表头
巷道素描绘制	根据测量数据库自动绘制巷道素描
巷道素描加密	通过基准线或仰俯角方式加密巷道素描导线点
探煤层数据处理	自动处理探煤层数据，生成地层界线和探测线

续表

功能模块	详细内容
巷道断层处理	巷道断层的处理，包括注记参数选择和真伪倾角的相互转换
巷道岩性充填	自动充填巷道岩性，绘制断面形态
小柱状自动生成	自动根据数据生成小柱状图
底板等高线图生成	自动获取煤层顶底板数据，以自动生成底板等高线图
综合柱状图生成	根据地质数据库自动生成工作面综合柱状图
巷道素描图生成	自动获取任意目录的巷道素描并生成巷道素描图

系统的核心功能包括从地质数据库中自动获取数据，建立地质模型，以及生成各种地质图形。例如系统可以自动从数据库中获取钻孔数据并展布相关信息，建立地质模型以生成各种等值线图，自动计算封闭区域的面积以完成储量计算，以及自动生成各种比例尺的地质图形。

该系统还提供了多种实用工具和功能，如平剖对应、钻孔注记、剖面图处理、地层注记、剖面绘制处理等。这些功能使得地质图形的处理更加灵活和准确。系统还能够处理复杂的地质构造，如含逆断层的结构，以及实现巷道素描的自动绘制和加密。

地质图形子系统在剖面图绘制的步骤中有很大的发挥空间，能够处理煤层中的顶煤、底煤及采空区，处理推断煤层和不整合地层界线，并根据钻探资料自动充填钻孔柱状岩性。系统还支持单孔柱状图的自动生成、巷道断层处理、巷道岩性充填、小柱状图的自动生成等。

系统还具有自动生成底板等高线图和工作面综合柱状图的功能，总体来说地质图形子系统为矿山地质数据的管理和图形处理提供了一个全面、高效且可靠的解决方案。随着技术的进步和市场需求的变化，这个系统将继续发展和完善，为矿业的可持续发展提供坚实的支撑。

4. 测量图形子系统

测量图形子系统的核心功能是处理各种矿山相关的平面图和地形

图，提供了一系列自动化和高效的图形处理工具。系统各功能模块及其详细内容见表 2-6。

表 2-6　测量图形子系统各功能模块表

功能模块	详细内容
图形处理	处理采掘工程平面图、井田区域地形图、井上下对照图、工业广场平面图、井底车场平面图等图形。
填图参数配置	实现任意比例尺（1:1000、1:2000、1:5000）的填图参数配置。
自动绘制	依据极坐标和实际坐标方式自动绘制任意比例尺的采掘工程平面图。数据来源于测量导线成果库，支持交互式与自动填图。
硐室和巷道处理	处理各种数据形式的硐室和巷道，如硐口、硐中、硐尾等。
巷道交互处理	自动处理巷道的空间和平面相交。
断层和工作面填绘	快速填绘断层、月末工作面位置，处理采空区边界颜色和延伸。
工作面小柱状处理	处理任意比例尺的工作面小柱状。

测量图形子系统通过自动化的图形绘制功能大大减少了工程图纸制作的时间和劳动强度，提高了工作效率和图形的准确性。

系统的自动绘制功能可以依据极坐标和实际坐标方式自动绘制任意比例尺的采掘工程平面图，这些数据来源于测量导线成果库，支持交互式与自动填图，以及分阶段填图。系统还能够方便地处理各种数据形式的硐室和巷道，自动处理巷道的空间和平面相交，快速填绘断层和工作面位置，以及处理任意比例尺的工作面小柱状。

2.3.3 "一通三防"管理信息系统构建与功能

矿井"一通三防"是煤矿生产的重要环节，是煤矿安全的基础，在整个智慧矿山建设和生产期始终占有非常重要的地位。而科学化、数字化、智能化管理矿井"一通三防"各个系统是提高矿井"一通三防"安全管理水平和智慧矿山建设水平的重要手段[①]。

"一通三防"管理信息系统包含"一通三防"数据库管理系统、专题图形处理子系统和数值计算子系统。"一通三防"数据库管理系统作为数据的核心存储和管理部分，负责存储矿井通风相关的所有数据信息。这些数据包括通风道路的布局、风量分布、气体浓度等，为通风管理提供了全面的数据支持。专题图形处理子系统能够利用专业的制图命令，绘制出清晰、准确的通风图形。这些图形不仅有助于理解和分析矿井通风的实际情况，还能够用于展示通风系统的设计和改进方案。

数值计算子系统则提供了基于通风图形的通风相关计算功能。通过对通风系统的风压、风量和气体浓度等关键参数进行精确计算，可以有效地分析和优化矿井的通风方案，确保矿井内部的空气质量和工作环境的安全。

系统通过通风图形的计算机绘制和通风计算机解算功能，大大提高了通风专业工作的效率和质量。这不仅使通风方案设计更加科学合理，还提高了矿井通风系统的可靠性和安全性。系统的数字化管理和自动化计算功能，减少了人工操作的错误和漏洞，为煤矿通风管理提供了强大的技术支持。

1. 数据库管理子系统

"一通三防"数据库管理子系统的主要功能是提供全面的通风、防瓦斯、防尘和防灭火管理功能。该子系统集成了四个主要模块：通风管理、防瓦斯管理、防尘管理和防灭火管理，每个模块都针对特定的安全管理领域提供了专业化的数据管理和报表生成功能。

通风管理模块管理的数据包括通风调度日报、通风设施检查记录、局部通风机管理台账、测风记录表等，覆盖了从日常监控到旬报、月

---

① 吴劲松，杨科，徐辉，阚磊 .5G+ 智慧矿山建设探索与实践 [M]. 徐州：中国矿业大学出版社，2021：115.

报、季报的全方位通风数据管理。通过这些数据，管理人员能够及时掌握通风系统的运行状况，确保矿井内空气流通和作业环境的安全。

防瓦斯管理模块则专注于瓦斯的控制和管理，该模块通过管理排放瓦斯工作记录表、瓦斯涌出量和分析情况表等数据，有效监控瓦斯涌出的情况。年度矿井瓦斯鉴定结果和瓦斯等级鉴定汇总表等数据的管理，为矿井瓦斯安全评估提供了科学依据，帮助管理人员制定更加有效的瓦斯防控策略。

防尘管理模块的主要职责是监控和管理矿井内的粉尘浓度，确保作业环境符合安全标准。该模块管理的数据包括粉尘浓度测定原始记录、半月和全月粉尘测定报表以及月份粉尘浓度测定汇总表等。通过这些数据的收集和分析，能够及时发现粉尘超标的问题，采取有效的防尘措施，保障矿工的健康和安全。

防灭火管理模块则致力于矿井防火和灭火工作的管理。该模块主要管理防火密闭台账、灭火材料登记表、防灭火检测记录表等数据，确保防火和灭火设施的有效性和可靠性。通过这些数据的管理，可以有效预防和控制矿井火灾事故，提高矿井的安全水平。

2. 专题图形处理子系统

一通三防专题图形处理子系统的主要功能是提供全面的图形处理解决方案，以支持通风、防瓦斯、防尘和防灭火等关键安全管理领域。该子系统包含多个专门的模块，每个模块都专注于特定类型的图形处理和管理，详情见表2-7。

表2-7 专题图形处理子系统模块表

功能模块	详细内容
图形系统处理	处理通风系统图、避灾路线图等多种专题图形

续表

功能模块	详细内容
通风网络图形处理	自动生成和编辑通风网络图，包括节点和连接
通风立体图形处理	生成和编辑通风立体示意图，提供直观的三维视图
通风图例库管理	管理通风系统图例库，确保图例的标准化和一致性
整体模块功能实现	基于 GIS 理念设计，实现图形的空间拓扑关系和动态互动
通风系统图绘制	根据巷道布置绘制通风系统图，展示通风网络布局
节点标注	在通风系统图上交互式或自动标注节点，提高信息的可读性
通风网络解算结果标注	将通风网络解算结果自动标注在通风系统图的相应位置
通风参数标注	标注风流方向、风量、风阻和风压，提供重要的通风信息
监测监控系统数据显示	实时显示监测监控系统数据，如通风机开停状态和瓦斯、风速等数据
压能图生成	根据通风网络解算结果生成压能图，展示通风网络的压力分布
立体图生成	生成通风系统的立体图，提供三维空间视角
通风设施标注	在通风系统图上标注通风设施和参数，提高图形的信息量
通风网络图生成	由通风系统图生成详细的通风网络图
图形编辑功能	提供通风网络图的美化、简化、修改和编辑功能
特性曲线绘制	绘制主要通风机的特性曲线，展示通风机的性能
属性标注功能	对各类图形进行巷道、一通三防设施等属性的标注
标注内容管理	提供标注内容的修改和查询功能，确保信息的准确性
设施参数统计查询	对图中一通三防设施的参数进行统计和查询
图例库建立	建立一通三防基本图例库，包括风门、风桥、测风站等图例，符合煤炭行业规范

一通三防专题图形处理子系统集成了通风管理、防瓦斯管理、防尘

管理和防灭火管理等多个关键安全领域，提供了一个全面、高效的图形处理平台。通过这个子系统，矿井管理人员能够更加精准、便捷地处理和分析与矿井安全相关的各类数据和图形。

通风管理模块主要负责通风系统图、避灾路线图、注浆系统图等的处理。这些图形是确保矿井通风系统有效运行的基础，对于预防矿井事故和维持作业环境的安全至关重要。通风网络图形处理模块和通风立体图形处理模块则分别负责通风网络图的自动生成与编辑，以及通风立体示意图的生成与编辑，这些功能使得通风系统的管理更为直观和有效。

防瓦斯管理模块通过管理瓦斯抽放系统图、瓦斯抽放曲线图等关键信息，能够有效地监控瓦斯的动态变化，从而采取适时的防控措施，避免瓦斯爆炸事故的发生。防尘管理模块通过管理防尘系统图，帮助矿井降低粉尘危害，保护矿工的健康；而防灭火管理模块则通过管理防火系统图、监测监控系统图等，确保矿井火灾的预防和及时控制。

一通三防专题图形处理子系统基于 GIS 理念设计，具有空间拓扑关系，可以实现图形的动态互动，这一特性使得图形处理更加高效和准确。系统能够基于采掘工程平面图绘制通风系统图，并在图上交互式或自动标注节点。通风网络解算结果的自动标注功能，使得管理人员能够迅速了解通风系统的运行状态。系统还能够根据通风网络解算结果标注巷道的风流方向、风量、风阻和风压，进一步提高了通风管理的精准性和有效性。系统中的通风立体图形处理模块和通风图例库管理模块也极大地提升了通风管理的可视化水平。通风立体图的生成和编辑，使得通风网络的三维展示成为可能，为矿井通风管理提供了更加直观的视角。而通风图例库的建立，则确保了图形的标准化和规范性。

3. 数值计算子系统

数值计算子系统的主要职责是精确计算和分析通风系统的阻力，这一子系统的设计和实现旨在提供一个高效且精确的计算平台，用于处理和优化通风阻力测定的结果。系统的核心功能是根据阻力测定采用的方法（如气压计法或压差计法）来进行计算，确保获取误差较小的风阻及风量数据。

数值计算子系统的设计考虑了矿井通风系统的复杂性和测定数据的多样性，系统通过对风阻及风量数据进行最优平差能够有效减少测定结果的误差。系统的自动处理功能使得通风系统阻力测定的各种实测值得以有效管理。通过这些数据的自动处理，系统能够建立完整且详尽的风网风阻数据库。

在实际应用中，数值计算子系统能够帮助矿井管理人员迅速理解和分析通风系统的运行状况。系统的计算结果直接关系到通风管理的决策和实施，如通风路线的选择、通风设备的配置以及通风参数的调整等。准确的计算结果使得通风管理更加科学和高效，有助于提高矿井的安全性和生产效率。

数值计算子系统的实施还有助于矿井通风安全的持续监测和评估。系统不仅能够处理当前的测定数据，还能够对历史数据进行分析，从而帮助管理人员掌握通风系统的长期变化趋势和潜在风险。这种长期监测和评估对于预防矿井事故、保障矿工健康和提高矿山生产效率具有重要意义。

2.3.4 采矿辅助设计系统的构建与功能

采矿辅助设计系统通过参数化驱动的设计工具，为矿井工程设计提供了一系列自动化功能。该系统能够根据给定的参数自动生成各类设计图和施工图，包括工程量表和设备材料表。该系统的设计旨在简化矿井设计工作流程，同时保持设计输出的一致性和准确性。

1. 工程设计

工程设计涵盖了巷道断面设计、交岔点设计、炮眼布置设计及端头支护等方面。巷道断面图的设计功能使系统能够自动绘制不同类型的巷道断面，如半圆拱、圆弧拱、三心拱等。系统根据用户输入的参数和选择的设备类型进行绘图，生成符合实际需求的设计图纸。

在交岔点设计方面，系统采用了参数化设计方法，依据标准手册的要求，自动计算并完成最常见的单开道岔设计。系统能够自动绘制相关的平面图和断面图，确保设计输出的准确性。系统还能生成变断面特征表，进一步丰富设计文档。

炮眼布置设计系统可以根据指定的参数自动生成炮眼布置图，覆盖半圆拱、矩形和异形等多种断面形状。用户还可以在系统生成的图纸上手动进行调整，比如更改炮眼编号，以适应特定的工程需求。

系统提供的手动调整和编辑功能允许用户根据特定工程的需求对自动生成的图纸进行细化和优化。这种灵活性对于处理复杂或非标准的设计情况至关重要。

2. 方案设计

方案设计涵盖了采区车场设计、采区煤仓设计、采区水仓设计、综采面相关设计、采区变电所设计以及工作面设计等多个方面。这些功能集中体现了系统在采矿领域设计方案中的应用。

在采区车场设计方面，系统特别针对单道起坡甩车场和双道起坡甩车场的需求，提供了平面线路连接计算、角度计算及高程闭合计算等功能。这些计算帮助设计师确保车场的设计符合技术规范和安全标准。系统的自动绘制功能能够生成平面图和线路坡度图，这些图纸详细展示了车场的布局和结构。

综采面相关设计则包括综采面回风巷和运输巷的设计，以及综采面巷道的布局。这一部分的设计考虑了综采工作面的特殊需求，确保了巷道的合理布置和通风系统的有效性。

采区煤仓、采区水仓及采区变电所的设计则采用参数绘制的方式进行，设计师可以根据具体的工程需求和技术参数完成计算和绘图工作。
这种参数化的设计方法提高了设计的效率和准确性。

工作面设计模块则允许设计师根据采矿设计习惯和煤矿日常工作习
惯直接绘制工作面。例如设计师可以使用方位角和转角等描述语言直接
绘制相关巷道，而无须转换为复杂的角度计算。这种设计方法大大提高
了工作效率，同时也使设计过程更加直观和易于理解。在实际应用中设
计师可以根据实际的工程需求和技术规范，快速完成各类设计任务。系
统提供的自动绘图和参数化设计工具确保了设计输出的质量和一致性，
同时也减少了设计过程中的人为错误。

3. 图表绘制

图表绘制模块专门针对矿井作业规程中的各种循环作业图表，如掘
进循环、开拓循环和回采循环作业图表提供自动化的绘制方案。这一模
块的设计旨在通过参数化的方式简化图表绘制过程，从而避免了传统手
工绘制的烦琐和时间消耗。

掘进循环作业图表详细展示了掘进作业的各个环节，包括爆破、清
理、支护等步骤。图表绘制模块通过自动化技术，可以根据预设的参数
快速生成掘进循环的图表。系统内置的算法和工具能够根据输入的数据
和条件，自动计算出各个步骤的具体细节，并以图表形式呈现。这种自
动化绘制不仅提高了工作效率，也确保了图表的准确性和一致性。

在开拓循环作业图表的绘制方面，模块同样提供了参数化的解决方
案。开拓循环作业通常涉及矿井的初步开采工作，包括巷道的开挖、支
护结构的建立等。图表绘制模块能够根据开拓工程的具体需求，自动完
成图表的绘制。例如设计师可以输入巷道的尺寸、开采方法和支护材料
等信息，系统则根据这些信息自动生成相应的开拓循环图表。

回采循环作业涉及矿石的提取和运输，图表绘制模块能够根据矿井
的具体回采计划和方法，自动绘制回采循环的图表。这些图表通常需要

展示回采面的布局、回采设备的配置以及回采作业的顺序等信息。系统通过自动化技术，使得这些复杂的信息能够快速且准确地转化为图表。

图表绘制模块的自动化设计还包括对图表样式的控制，设计师可以根据需要选择不同的图表样式和格式以满足特定的展示和报告需求。系统提供的样式选项包括不同的颜色方案、图表尺寸和布局等，使得最终产出的图表既美观又实用。

图表绘制模块还支持对图表进行手动调整和编辑。尽管系统提供了自动化绘制功能，但在某些情况下手动调整可能是必要的。设计师可以根据实际情况对自动生成的图表进行微调，包括修改图表中的文本、调整图表元素的位置或改变图表的颜色和样式。这种灵活性使得图表能够更好地符合具体的设计需求和标准。

4. 参数管理

采矿辅助设计系统允许用户自由添加和修改各种专业参数，以适应新型号和各种参数的更新。这种开放性的设计使得系统能够灵活地适应不断变化的工程需求和技术标准，从而为用户提供更为个性化和精确的设计解决方案。

在实际应用中开放的参数管理体现在多个方面，例如用户可以根据具体的工程需求和条件，自定义断面设计图的参数，如尺寸、形状和材料类型。这些参数直接影响断面设计图的外观和功能，因此其准确性和合理性对于整个设计的质量至关重要。系统允许用户根据实际情况和标准进行参数设置，确保设计图纸符合工程要求和安全标准。用户可以输入特定的采区参数，如煤层厚度、地质条件和开采方法等，系统根据这些参数自动生成采区设计图。这种自动化的设计不仅提高了工作效率，也确保了设计输出的一致性和准确性。用户可以根据需要调整参数，以适应不同的采矿条件和技术要求。

系统中的参数管理不仅限于基础设计参数，还包括更为复杂和高级的参数设置。比如用户可以调整设计图中的颜色方案、线型和注释样式等，以满足特定的展示和报告需求。这些高级参数的管理为设计师提供了更多的创造性和灵活性，使设计更加个性化和专业化。系统还支持新型号和技术标准的参数更新。随着技术的发展和市场的变化，新型号的设备和材料不断出现。系统的开放参数管理功能允许用户及时更新这些新型号的参数，确保设计能够跟上技术发展的步伐。在参数管理方面，系统还提供了一系列辅助工具和功能。这些工具包括参数检查和验证、参数导入和导出以及参数备份和恢复等。参数检查和验证功能确保用户输入的参数符合技术标准和工程要求，减少了设计错误的可能性。参数导入和导出功能则使得用户能够方便地在不同的项目之间共享和应用参数设置。

2.3.5 综合监测预警系统

基于 GIS 的"一张图"综合监测预警系统整合了多个关键的监测和预警模块，使得煤矿的监控和预警更加直观、高效，具体见表 2-8。

表 2-8　综合监测预警系统模块表

功能模块	详细内容
矿井综合自动化监测集成	整合供电、主运输、排水等子系统数据，在可视化应用门户中实时显示与报警
煤矿安全监测系统接入	可视化展示安全监测点位置、报警地理位置、监测点周边情况
井下人员定位系统接入	实时读取井下人员定位信息，显示井下人员信息、运动轨迹，实时统计和分析
束管监测系统接入	实时显示束管监测数据
矿压监测系统接入	显示井下压力监测分站、传感器分布，实时监测数据，表格或直方图展示，预警分析
煤与瓦斯突出系统接入	导航定位瓦斯危险区域，实时监测瓦斯涌出量，预警作业地点

功能模块	详细内容
抽放系统接入	集成抽放监测系统，查询和监控瓦斯浓度、流量等参数，实时显示抽采数据，预警
工业视频系统接入	集成视频监控系统，集中管理与展示工业视频信号
水文监测系统接入	导航定位水文监测数据，实现联网监测，直观、实时监测水文参数

该系统的实施为煤矿安全监控和预警提供了一个全面的平台，矿井综合自动化监测集成模块整合了供电、主运输、排水等子系统的数据，提供了一个实时显示和报警的可视化应用门户，使得监控人员能够迅速响应各种安全问题。

煤矿安全监测系统接入模块通过可视化展示界面，使得用户能够直观地了解各个安全监测点的具体位置和周边情况，井下人员定位系统接入模块实时读取井下人员的定位信息，展示井下人员的信息和运动轨迹。束管监测系统接入模块的功能是实时显示束管监测数据，使得监控人员能够迅速了解井下的通风状况，确保通风系统的正常运行。矿压监测系统接入模块则提供了井下压力监测分站和离层压力传感器的分布情况，实时监测数据的展示帮助监测人员掌握井下的压力状况，及时预警和分析潜在的矿压问题。煤与瓦斯突出系统接入模块通过"一张图"导航定位瓦斯危险区域，并实时监测瓦斯涌出量，这对于预防瓦斯超限和及时响应瓦斯突出至关重要。抽放系统接入模块集成了煤矿已有的抽放监测系统，对抽放站及井下各抽采单元的瓦斯浓度、流量、温度、压力、设备开停状态参数等进行实时查询和监控，对异常情况进行预警。

工业视频系统接入模块的集成使得监控人员能够在"一张图"上集中管理和展示工业视频信号，这对于实时监控井下情况和确保工作人员安全非常重要。水文监测系统接入模块则利用"一张图"的导航定位和空间分析功能，实现矿井水文监测数据联网，对水文参数进行直观和实时的监测。

2.3.6 基于 3DGIS 技术的透明化矿山建设

基于 3DGIS 技术的透明化矿山建设系统使用 3DGIS 技术全面构建了煤矿的各专业子系统仿真模拟系统，涵盖"采、掘、机、运、通"等方面，通过采用网络化和分布式综合管理方法实现了全矿井的监测、控制和管理一体化（见表 2-9）。

表 2-9　各专业子系统及功能模块

子系统	功能模块	描述
地质模型可视化表达	煤层自动建模	利用点数据和边界数据快速生成三维模型
	钻孔自动建模	自动生成地质钻孔等数据的三维模型
	断层建模	自动生成断层等数据的三维模型
	积水区建模	基于采掘工程平面图实现积水区自动建模
	陷落柱建模	基于采掘工程平面图等实现陷落柱自动建模
生产辅助管理	矿山三维漫游查看	实时展现生产与安全综合动态工况
	工作面辅助设计	自动生成设计工作面，计算相关数据
生产运行系统集成调度	综合调度指挥	集成各生产运行数据，提供一体化调度界面
分析预警	危险源空间预警	动态计算掘进头到危险源的距离
	巷道突水淹没分析	三维仿真系统分析突水情况
	透明瓦斯地质模型及预警	三维可视化瓦斯地质信息表达

在地质模型可视化表达方面，该系统利用三维地质模型建模技术，能够快速生成各个煤层和其他地层的三维模型。该技术利用点数据（如钻孔、探煤点等）和边界数据（如断层、陷落柱等），有效地支持了煤层自动建模、钻孔自动建模、断层建模、积水区建模和陷落柱建模等功能。

在生产辅助管理方面，系统通过矿山三维漫游查看、三维地质模型剖切和辅助设计等功能，提供了全面的生产管理支持。矿山三维漫游查看功能允许从宏观和微观角度实时展现生产与安全的综合动态工况，包括工业广场的主要建筑物、道路、绿地等，以及井口、井下主要巷道、掘进、回采动态信息的管理。工作面辅助设计功能允许用户在需要设计工作面的地方用线圈定区域，系统则自动生成设计工作面，并计算相关数据。

在生产运行系统集成调度方面，系统接入了"采、掘、机、运、通"等生产运行数据，提供了一体化的生产运行系统集成调度指挥界面。该系统利用三维空间拓扑关系，实现设备参数和设备状态的查询，将安全监测、水文监测、束管监测、顶板压力监测、顶板离层监测等实时监测数据在三维环境中直观地展示，帮助生产调度人员快速掌握生产安全运行数据。

在分析预警方面，系统具有危险源空间预警、巷道突水淹没分析和透明瓦斯地质模型及预警等功能。危险源空间预警利用高精度地质模型和巷道模型，动态计算掘进头到相关危险源的垂直距离。巷道突水淹没分析功能建立了煤矿突水三维仿真系统，对突水进行可视化分析，为水害避灾线路的制定提供科学依据。透明瓦斯地质模型及预警功能则利用计算机技术和三维可视化技术对瓦斯地质信息进行三维可视化表达，帮助管理和分析瓦斯地质信息，及早发现安全隐患。

第 3 章　煤矿智能化技术在矿井通信技术中的应用研究

快速演进的通信网络技术在改变社会创新和体验方面发挥了巨大作用，对人们的日常生活和工作方式产生了深远影响。这一技术在煤矿井下的运用正逐步改变传统的煤矿生产模式，对煤矿生产和安全管理的效率和质量产生了显著影响。在物联网、大数据和云计算等技术的协同作用下，智慧矿山的概念正逐渐成为矿山建设的核心。而在这其中智能化矿井通信网络建设是实现智慧矿山建设的关键支撑。

3.1　矿井通信技术的发展历程及标准

3.1.1 矿井通信技术的发展历程

煤矿井下通信技术的发展经历了从相对落后到逐渐现代化的转变。早期的煤矿通信主要依靠管路来传导声音或通过打点电铃传递简单信息。这一时期的通信方式以低频、窄带为特点，抗干扰能力较弱，通常是单工或半双工的，基于点对点或局部通信。

自 20 世纪 70 年代开始，随着电子技术的发展，以程控调度交换机为代表的有线通信系统及其产品在煤矿逐步地推广应用，至今程控数字调度交换机几乎遍布大中型煤矿，其技术已相当普及和成熟[①]。从程控交换到软交换的转变，不仅改变了基于点或局部通信的方式，还推广了基于模拟信号的视频监控应用。这一阶段，通信技术逐渐向着更高效、更广泛的方向发展。

进入 2008 年以后，工业现场总线 RS-485、CAN、百兆工业以太环网、无线通信技术开始在煤矿井下推广应用，标志着矿井通信技术的快速发展时期。在无线通信领域，漏泄通信、小灵通、WiFi、3G、4G等技术开始在井下逐步推广，无线带宽得到快速提升。有线通信和无线通信开始相互融合，相互补充。同时工业以太环网通信速率从百兆提升到千兆、万兆，为矿井的安全生产提供了保障。

这一阶段的通信技术特点是技术进步加快，产品更新换代周期短，系统联网、整合、集成成为明显的特征。井下应急广播系统、无线应急通信系统、网络化视频监控系统等得到了广泛推广应用。基于有线和无线融合的高速网络，煤矿综合自动化系统得到了广泛应用，部分系统实现了调度指挥中心的统一通信和远程遥控。

煤矿井下通信技术从早期的简单管路传声和打点电铃发展到现代的高速、集成、多功能的通信网络，这一变革不仅提高了矿井的通信效率，也为矿山安全管理带来了革命性的改进。现代通信技术的应用，特别是无线和有线技术的融合，大大增强了矿井的通信能力，使得矿井的安全管理和生产调度更加高效、准确。在未来，随着技术的不断发展和完善，煤矿井下通信技术将继续在保障矿工安全和提高生产效率方面发挥关键作用。

3.2.2 煤矿行业对于矿井通信技术标准

煤矿生产作为一个高危行业，具有特殊的工作环境和复杂多变的作

① 煤炭科学研究总院.现代煤炭科学技术理论与实践 煤炭科学研究总院五十周年院庆科技论文集[C].北京：煤炭工业出版社，2007：532.

业条件。生产环境中存在易燃易爆气体和粉尘，这要求通信系统设计必须充分考虑其固有的特殊性。通信系统不仅要满足防爆、防尘、抗高温潮湿、抗电压波动和电磁干扰的要求，还必须满足生产作业、调度指挥以及紧急抢险救援的需求。

1.可靠性标准

煤矿生产作业区通常位于几百米深的地下，这个特殊的位置使得其通信网络建设面临独特的挑战。由于公用网络的缺乏，每个矿井都需要根据自身的特点建立专有网络，以保证数据传输和生产调度作业的顺利进行。随着矿山自动化和信息化水平的不断提升，向无人或少人智能化矿井的转变已成为行业的发展趋势。在这种背景下，煤矿通信网络的设计和建设显得尤为重要。

煤矿通信网络不仅需要满足基本的语音调度需求，还要能够支持远程遥控操作，因此通信网络系统必须具备高度的可靠性和可用性。如果通信网络出现异常，可能会导致与现场作业人员失去联系，生产设备得不到有效监控，从而严重影响生产效率，甚至扩大安全事故的风险，所以通信网络的建设必须充分考虑系统的冗余性、故障处理能力和容错能力。

在设备方面，必须选择能适应井下恶劣工作环境的设备，并满足国家相关行业规范和电磁兼容性的要求。这包括抗高温潮湿、防尘防爆、抗电压波动和电磁干扰等特性。设计时应考虑到井下环境中易燃易爆气体和粉尘的存在，选择合适的防爆型通信设备，并确保所有设备和线路都符合安全标准。

2.可扩展性标准

煤矿井下作业环境的特殊性要求其通信网络系统具备高度的可扩展性。随着采煤工作面的不断开采和扩展，矿井的通信网络也必须能够适应这一变化，以保证通信系统的有效运行和维护。这种可扩展性不仅涉及网络系统的物理扩展，如增加新的通信节点和链接，还包括网络容量、速率和服务类型的扩展。

在煤矿井下作业中，随着采矿区域的延伸，通信网络必须能够覆盖新的工作区域。这意味着通信系统需要在其原有的基础上增加新的节点和链接，以保证信号的覆盖和传输。为了实现这一点，通信网络的设计必须考虑到未来的扩展需求，采用模块化和标准化的设计理念，使得新的节点和链接能够轻松地添加到现有系统中。

除了物理扩展外，通信网络在容量和速率方面的扩展性也至关重要。随着矿井作业的深入和扩大，数据传输的需求也会随之增加。这不仅包括传统的语音和图像数据，还包括大量的实时监控数据、安全监测数据和自动化控制数据。因此，通信网络必须具备足够的容量，以处理这些不断增长的数据流量。同时，网络的传输速率也需要能够随着需求的增长而提升，以保证数据传输的效率和及时性。

在服务类型方面，现代煤矿井下通信网络不仅要支持基本的语音和图像传输，还要能够处理多媒体业务和高速率数据业务。这包括视频会议、远程教育、在线监控、自动化控制等多种业务类型。随着矿山自动化和信息化水平的提高，这些业务的需求将会越来越多，网络系统必须具备相应的服务支持能力。

为了实现这种高度的可扩展性，通信网络的设计和建设必须考虑到未来的技术发展和应用需求。这意味着在选择通信技术和设备时，需要考虑其未来的兼容性和升级能力。例如选择能够支持升级到更高速率的通信设备和技术，使用能够轻松扩展的网络拓扑结构，以及采用能够支持新业务添加的网络管理和控制系统。

3. 开放性标准

在矿井生产过程中，多种类型的设备集成运作涉及多样化的数据类型和通信要求，这对通信网络系统提出了开放性的重要需求。通信网络不仅需要处理语音调度信息、视频监控图像信息、人员与车辆位置信息、设备工作状态信息、环境安全监控信息等多种信息类型，还要能够根据这些信息的特点，采用适当的通信规约和速率。

由于矿井内部环境的复杂性以及作业设备的多样性，通信网络面临着巨大的挑战。语音调度信息要求实时、清晰的传输，视频监控图像信息则要求高带宽和低延迟以保证图像的连续性和清晰度。人员与车辆位置信息的传输对精确度和时效性有很高要求，而设备工作状态信息和环境安全监控信息则需要实时监控和快速响应。

为满足这些多样化的通信需求，矿井通信网络系统应具有良好的开放性与兼容性。这意味着网络不仅要支持多种通信规约，还要符合相应的国际标准和协议，确保不同设备和系统之间的无缝连接和高效通信。同时通信网络应提供开放的硬件和软件接口，以适应不同业务的传输需求。这些接口应具有足够的灵活性，以便快速适应新设备的加入或现有设备的升级。

开放性的通信网络能够方便数据交换和信息共享，不仅提高了矿井的运营效率，还加强了安全管理。例如视频监控系统可以实时传输图像数据到控制中心，实现对矿井内部情况的实时监控。人员与车辆定位系统通过网络及时发送位置信息，保证矿工的安全和高效调度。设备工作状态和环境监控系统的实时数据传输，可以及时发现潜在的安全隐患，防止事故的发生。

为实现这种高度开放和兼容的通信网络，需要采用先进的通信技术和设备，工业以太网技术因其高速率、高可靠性和易于扩展等特点被广泛应用于矿井通信网络。无线通信技术如 Wi-Fi、4G/5G 等也在矿井通信网络中发挥着越来越重要的作用，尤其是在移动设备和车辆的通信中。

4. 可维护性标准

井下环境的特殊性对矿井通信网络的可维护性提出了特别的要求。由于井下粉尘多、空气潮湿且工作环境恶劣，这些条件对通信设备的正常运行和维护带来了诸多挑战。特别是大功率设备，由于受到防爆结构的限制，其散热性能往往会变差，长期在此类环境中运行设备故障率随之提高。通信网络的设计和运维必须考虑到这些恶劣的环境因素。

煤矿井下的限定空间和巷道空间随地质条件变化而发生的变形，对无线信号传输造成了额外的负担。起伏变化不仅影响信号传输质量，还可能导致设备需要不断修正最初调试的工作参数。这样的环境要求通信网络不仅要具备高度的可靠性，还要具有良好的可维护性。智能化网管系统的自诊断功能在这种环境下显得尤为重要，自诊断功能意味着系统能够自动检测并报告潜在的问题和故障，使得维护人员能够迅速响应。这种自诊断功能应覆盖网络的所有关键部分，包括传输设备、接收设备、中继站和任何网络节点。

在设计和实施通信网络时，应充分考虑设备的易维护性。这包括使用易于更换的模块化组件、设计便于检查和维护的设备布局以及采用能够忍受井下恶劣环境的耐用材料。简单而有效的维护和故障排除程序是确保设备高效运行的关键。维护工作应尽可能简便，以减少对矿井生产活动的影响。

通信网络的设计还应考虑到快速定位和故障排除的能力。这意味着网络不仅要具备故障检测功能，还要能够精确地定位故障源。快速定位能力可以大大减少维护时间，提高设备的利用率和网络的整体可靠性。

5. 安全性标准

随着工业领域逐步从传统生产模式向数字化、网络化和智能化转型，信息安全问题也随之成为一大关注点。这一挑战在矿井通信网络系统中尤为突出，因为这些系统不仅与企业管理信息系统互联、互通和互操作，还承担着关键的安全和生产功能。

在现代矿井中，远程遥控和无人值守的能力正在不断提升，这使得对信息安全的要求变得更加严格。有效的信息安全管理不仅关乎矿山生产的顺利进行，更直接关系到矿工的安全和矿山设施的保护。因此，防止非法的网络攻击和避免信息安全事故的发生成为矿井通信网络系统设计和运营的一个重要方面。矿井通信网络系统应具备高度的安全防护能力，这包括使用最新的安全技术和协议，保护网络不受外部攻击和内部泄露。这一点特别重要，因为网络的任何漏洞都可能被利用来发起攻击，从而危及矿山的安全运营。网络安全措施包括但不限于强化身份验证和访问控制、实施网络隔离和分段策略、采用数据加密技术以及定期进行安全审计和漏洞评估。

除了采用先进的技术措施外，还需要对网络系统进行持续的监控和管理。这意味着需要有专门的团队或系统不断监控网络活动，及时发现并应对任何可疑或异常的行为。另外，对于网络操作人员的培训和安全意识的提升也至关重要，因为人为因素往往是网络安全事故的一个重要原因。

网络安全策略还应包括制定应急响应计划，以便在发生安全事件时迅速采取行动，尽量减少对生产和安全的影响。这些计划应包括快速诊断问题、隔离受影响的系统、恢复关键服务以及后续的事故调查和改进措施。

6.法律法规标准

《煤矿安全规程》中对矿井通信网络提出了明确而严格的要求，规程规定，所有矿井必须配备有线调度通信系统，这一规定确保了通信系统在矿井中的普遍应用和功能性。矿用有线调度通信电缆的专用性要求保障了通信系统的独立性和安全性，减少了通信故障和安全隐患。

有线调度通信系统调度台的设置地点被指定为煤矿调度室，这一规定旨在集中管理和监控矿井的通信与操作。矿调度室的 24 小时监控人员值班要求确保了通信系统随时处于有效监控状态，可以及时响应各种紧急情况。这些规定反映了矿井通信网络在保障矿工安全和生产效率方面的重要性。

对于应急广播、视频监控、人员定位、产量监控、矿压监测等系统的接入，规程允许这些系统就近接入工业以太环网。这一规定的实施，旨在优化网络的布局，提高网络运行的效率和稳定性。通过就近接入的方式，可以减少网络布线长度，降低维护难度，同时提高数据传输的速度和可靠性。

安全监控系统与视频监控系统的分离要求，防止了这两个关键系统之间的干扰和冲突。规程中规定安全监控系统不得与视频监控系统共用同一芯光缆，这增加了系统的可靠性和稳定性。对光缆布置的具体要求也体现了对通信网络安全性的重视。合理的光缆布置不仅可以提高网络的稳定性和抗干扰能力，还可以在紧急情况下保证通信的顺畅。

3.2　矿井中的有线通信技术分析

通信技术的快速发展带来了多样化的通信方式，传统的电话语音通信已不再能够满足矿井安全生产的复杂需求。现代矿井通信方式包括各种工业现场总线通信、电力载波通信、工业以太网通信等。同时，通信介质也从金属铜导线转变为更高效的光纤技术。有线通信技术在矿井中的应用不仅限于数据采集和固定设备的远程遥控，还包括为固定岗位人员提供电话调度等多项服务。

3.2.1 调度电话通信

20 世纪中叶，中国煤矿生产调度通信技术处于起步阶段，当时的通信手段相对原始，许多矿井采用人工磁石电话和共电式矿用人工电话来实现基本的通话功能。这些设备虽然能够满足基础的通信需求，但在通信效率和安全性方面存在明显的局限性。

70 年代，随着技术进步，部分煤矿开始使用本安型矿用自动交换机和脉冲拨号话机。这一时期，矿用自动交换机技术经历了从模拟步进制、纵横制到空分制程控矿用交换机的发展，显著提高了通信的效率和可靠性。

到了 90 年代，随着通信网络技术的飞速发展，矿用数字程控调度电话开始在煤矿中得到广泛应用。这一系统通常由调度机、安全耦合器、本安自动电话机等组成，主机一般设置在地面调度室，而井上和井下的主要地点则设有分机。数字程控调度电话不仅具备一般行政交换机的功能，还增加了许多适应煤矿生产特点的特殊功能，如无阻塞通话、强插、强拆、群呼、来电声光提示和录音等。这种电话系统的通信距离可达 10 公里，无须中继电缆。随着技术的持续进步，井下话机也经历了从隔爆型向本质安全型的转变。本质安全型电话系统通过在井口前接入安全耦合器，确保了井下线路的本质安全性能。

到了 2010 年左右，基于软交换技术的调度电话开始在煤矿中使用。这种新型通信技术使用 TCP/IP 协议的分组交换代替了传统的电路交换，并且使用通用的服务器代替了专用的交换机架构。这一变化不仅符合当时"三网融合"的技术发展趋势，还赋予了矿用调度电话与其他通信网络融合的能力，进一步提升了通信系统的灵活性和效率。

3.2.2 应急广播通信

自 20 世纪 80 年代以来，中国在应急广播通信领域的研究和应用不断深入。特别是在煤矿行业，应急广播系统成为确保矿工安全的重要设施。应急扩音电话的开发和使用，为矿井通信带来了新的发展。这些系统主要包括工作面扩音电话、选号扩播电话等，它们在提高矿井内通信效率和安全性方面发挥了重要作用。

到了 2010 年，为了响应国家安全监管总局和国家煤矿安监局关于建设完善煤矿井下安全避险"六大系统"的通知，中国煤矿普遍开始安装新一代的应急广播通信系统。这些系统由地面广播主控设备、功放设备、麦克风、井下广播设备、扩音电话和井下电源等组成，为煤矿井下安全提供了全方位的保障。

应急广播系统作为调度电话的有效补充，具备全域广播、分区广播、定点音乐播放、定时广播、定时打铃、双向对讲和区域语音告警等功能。这一全方位的广播功能使得矿井内的紧急信息能够迅速而有效地传达到每一个角落。在发生紧急情况时，通过系统可实现快速的全域广播，通知井下人员采取相应措施，或进行撤离。分区广播和定点音乐播放功能则适用于特定区域的信息传达或提供背景音乐，改善工作环境。

系统的双向对讲功能提供了与地面调度中心的实时通信能力，增强了井下与地面之间的沟通效率。区域语音告警功能则可用于特定区域的安全提醒和警报，如瓦斯超标、设备故障等，确保井下作业人员能及时了解并响应各种安全警示。

应急广播通信系统还具有定时广播和定时打铃的功能，这在日常管理和紧急情况下都非常有用。定时广播可用于发布班前会议信息、班次更换通知等，而定时打铃则可用于标志班次开始或结束，保持井下作业的规律性和秩序。

3.2.3 RS-485 串行通信

RS-485 串行通信技术由于其接口简单、组网方便、传输距离远及能够通过隔离实现本质安全的特点，在煤矿井下通信中得到了广泛应用。该技术的标准由美国电子工业协会（EIA）制定，并发布为 RS-485 标准。经过通信工业协会（TIA）的修订后，该标准被命名为 TIA/EIA-485-A，但通常仍称为 RS-485 标准。

RS-485 通信网络通常采用主从通信方式，即一个主机控制多个从机。这种方式的通信协议通常通过设备地址查询的方式进行，允许的通信速率一般不超过 19200 bps，而最大传输速率可以达到 10 Mbps。这种速率对于煤矿井下的数据传输需求来说通常是足够的。

RS-485 技术的一个显著优点是采用差分信号负逻辑，这使得它具有很强的共模干扰抑制能力。这一特性在矿井这样的高干扰环境中尤为重要，因为它可以显著提高信号的可靠性和稳定性。RS-485 有两线制和四线制两种接线方式。四线制方式支持全双工通信，而两线制方式则支持半双工通信。在实际应用中，两线制由于其简单性和成本效益，在矿井通信中更为常见。

RS-485 总线网络的拓扑结构通常采用总线型结构，且采用终端匹配。这意味着通过一条总线将各个节点串接起来，形成一个线性的网络结构。这种结构的优势在于其简单性和灵活性，可以根据需要容易地添加或移除节点。然而，RS-485 不支持环形或星型网络，这在某些情况下可能限制了其应用范围。RS-485 的通信特性见表 3-1。

表 3-1　RS-485 的通信特性

特性	描述
电气特性	逻辑"1"以两线间的电压差为 +（2～6）V 表示；逻辑"0"以两线间的电压差为 -（2-6）V 表示
最高传输速率	10 Mbps
抗干扰能力	采用平衡驱动器和差分接收器组合，增强抗共模干扰能力
最大传输距离	约 1219 米
连接节点数	每段不带中继时为 32 个节点
网络类型及传输线材料	半双工网络，一般只需两根连线（AB 线），采用屏蔽双绞线传输

RS-485 通信技术是一种在工业控制领域广泛应用的高效串行通信协议，具有独特的通信特性使其在各种应用场景中具有重要价值。首先，其电气特性定义了逻辑"1"和"0"的表示方式，分别以两线间的电压差为正 [+（2 ~ 6）V] 和负 [-（2 ~ 6）V] 来区分，这种差分信号的方式提高了信号传输的可靠性，尤其在长距离传输时更能抵抗电磁干扰。

在数据传输方面，RS-485 能够实现高达 10 Mbps 的最高传输速率，这使得它在需要高速数据传输的场合中非常适用。RS-485 接口采用了平衡驱动器和差分接收器的组合设计，显著增强了其抗共模干扰的能力，提高了系统在噪声环境下的稳定性和可靠性。

RS-485 接口的最大传输距离可以达到约 1219 米，这使得它在大型工业控制系统中特别有用，能够覆盖广阔的工作区域。同时，每段不带中继的网络最多可以连接 32 个节点，足以满足大多数工业网络的需求。

在物理连接方面，RS-485 通常采用两根连线（称为 AB 线），构成半双工网络，这种网络结构简化了布线需求，同时通过使用屏蔽双绞线来进行传输，进一步增强了信号的稳定性和抗干扰能力。这种线路结构简单、成本效益高，易于安装和维护，使得 RS-485 成为工业通信中的首选技术之一。

3.2.4 CAN 总线通信

控制器局域网络（Controller Area Network，CAN）作为最早成为国际标准的现场总线技术之一，是由国际标准化组织 ISO 制定的串行通信协议，在分布式控制或实时控制的串行通信网络领域中发挥着重要作用。CAN 网络的主要特点是其各节点间的数据通信具有强实时性，适合于需要快速响应的控制系统。

CAN 总线的结构采用多主竞争式，这意味着总线上的节点没有固定的主从关系，任何节点都可以在任何时候发起与其他节点的通信。这种结构增加了网络的灵活性和响应速度。CAN 总线采用的载波监听多路访问和逐位仲裁的非破坏性总线仲裁技术，允许节点根据实时性要求被分配不同的优先级，从而提高通信的确定性和实时性。在多节点同时通信的情况下，低优先级的数据会让步于高优先级的数据，有效避免了通信线路的拥塞。

CAN 总线支持多种数据传输方式，包括点对点、一点对多点和全局广播等。这为不同应用场景提供了灵活的通信选项。在出现严重错误的情况下，CAN 节点能够自动关闭输出，避免对其他节点产生不利影响。同时，节点设备还可以被置于休眠模式以降低功耗，并可通过总线激活或内部条件唤醒。为保证通信的可靠性，CAN 采用了多种出错检测措施，其短帧结构的设计使得传输时间缩短，受干扰的可能性降低。

CAN 总线在数据量大、距离短或数据量小、距离长且实时性要求高的场景中尤为适用。在低速率（低于 5 kbps）下，传输距离可达到最远 10 公里，而在高速率（最高 1 Mbps）下，传输距离则缩短至 40 米内。传输介质通常为双绞线或同轴电缆。

CAN 总线的通信参考模型主要包含数据链路层和物理层。数据链路层分为逻辑链路控制子层和媒体访问控制子层。逻辑链路控制子层负责报文的接收过滤、确认、数据传输服务以及在丢失仲裁或干扰出错时的自动重发恢复管理。媒体访问控制子层则执行总线仲裁、报文成帧、出错检测等传输控制规则。物理层则规定了节点的电气特性和信号传输方式，确保信号的正确发送。

为减少信号在总线端点的反射，CAN 总线两端通常需要连接约 120 欧姆的终端电阻。这种设计进一步提升了信号的传输质量和网络的稳定性。CAN 总线以其高效、可靠和灵活的通信能力，在自动化控制系统中得到广泛应用，特别是在汽车、工业自动化和其他需要快速、可靠通信的场合。

3.2.5 工业以太网通信

工业以太网技术基于 IEEE802.3 标准，其起源于民用以太网，但随着技术的发展，工业以太网逐渐形成了自己的特点，包括快速的技术发展、简单开放的协议、大带宽容量和与互联网的无缝对接能力。目前民用以太网的 400 Gbps 端口已经商用，而工业以太网的 10 Gbps 端口也已经在工业场景中得到应用。

工业以太网在解决了民用以太网在实时性和可靠性方面的一些缺陷后，逐渐在工业通信网络领域中占据主导地位。这种技术作为综合自动化平台的物理传输基础，已经被许多主流设备制造商所采纳和应用。在矿井等恶劣环境中，工业以太网的设计需要考虑到如何保证信息传输的连续性和可靠性，尤其是在面对线路中断或设备故障时，能够确保整个网络数据的正常传输。通常，工业以太网会采用环形拓扑结构进行组网，以增强网络的稳定性和容错能力。

在煤矿行业，工业以太网被视为智慧化矿井的基础支撑平台。这个平台通常包括地面核心交换机（具备三层以上的网络功能）、井下矿用隔爆兼本安型环网交换机以及网管系统。工业交换机的设计考虑到了复杂的工作环境，包括适应不同的温湿度环境变化和强电磁干扰能力。根据具体的业务需求，煤矿可以建设千兆或万兆速率的工业以太环网，从而满足不同应用场景的数据传输需求。为了避免信号干扰并解决传输距离的限制，网络传输介质一般选择使用矿用通信光缆和矿用屏蔽以太网线。这些专用的传输介质能够确保在恶劣的井下环境中，数据传输的可靠性和稳定性。

井下工业以太环网支撑着井下各业务系统数据的集成和传输，其不仅能够将生产控制系统中关键设备通过交换机的光口或电口接入井下环网，而且部分设备还可以通过 RS-485 接口接入，或者通过串口服务器转换为以太网接口接入环网。

矿井通常在井下和地面建设多个千兆或万兆以太环网，构建具有快速自愈能力的环网冗余结构，从而形成高可靠性的工业网络。在机房中，通常部署两台核心交换机，并以双机热备方式运行，实现核心交换机的冗余。这两台核心交换机分别与地面和井下的环网交换机相连接，构成多个千兆或万兆冗余环网。当环网中的任何一个点发生链路故障时，环网能够快速重构，自愈时间小于 30 毫秒，确保网络中数据的可靠性和持续传输。同时还应用虚拟路由冗余协议（VRRP）技术来实现路由的冗余，在核心机房部署网络管理软件，可以实现对网络节点设备的状态监测、配置及管理。为了提高网络安全，核心交换机与外部网络之间部署了隔离网闸设备，实现两侧的双向隔离。

环网交换机在煤矿井下的站址规划是一个综合性的任务，需要充分考虑煤矿井下的具体环境条件。规划时不仅要考虑供电的便利性和位置的相对固定性，还要确保所选地点便于维护。由于煤矿井下巷道通常分为主巷道和支巷道，并且各个作业面都与支巷道相连，因此在配电硐室布置环网交换机是一个理想的选择。配电硐室通常位于主巷道上，由于主巷道较长且长期使用，因此成为部署环网交换机的合理位置。

主副井井口和井下输送系统机头位置也是部署环网交换机的理想位置。在敷设环网光纤时，应尽量沿着不同的巷道路径进行，以避免同一位置的光缆被同时损坏，从而真正实现网络的冗余效果，提高网络的可靠性。在支巷道上，则应设置接入交换机，并通过光纤将环网交换机与接入交换机相连。当支巷道中接入交换机数量较多时，这些接入交换机可以根据现场情况采用链形、树形或环形连接方式。

煤矿井下的骨干网络承载着多种不同性质的业务。合理规划矿井的虚拟局域网（VLAN）能够降低管理成本，减少广播对网络带宽的占用，提高网络传输效率，并有效避免广播风暴的产生，从而提升网络的安全性。不同的业务应划分为不同的 VLAN，工业控制系统、人员和车辆定位管理系统、工业视频监控系统、语音广播系统以及普通上网数据业务等应分别划分到不同的 VLAN 中。这种划分能有效隔离各业务间的二层互访,并通过 VLAN ID 提供业务识别和区分,从而为不同业务制定不同的服务质量(QoS)优先级。在优先级设置上,通常建议将工业控制系统和人员及车辆定位管理系统定义为较高优先级,而将工业视频监控系统和普通上网数据业务定义为较低优先级。

3.3 矿井中的无线通信技术探讨

矿井无线通信技术自诞生以来已经历了几个发展阶段,包括超低频透地通信、中频感应通信、VHF 漏泄通信和移动蜂窝通信等。随着移动蜂窝通信技术在公网领域的不断进步,矿井无线通信技术也随之发生了演变。矿井特定的工作环境和特定的作业流程对通信技术的应用提出了许多特殊要求[①],且工作环境较为恶劣存在许多不安全因素,所以矿井无线通信面临着特殊的需求。特别是井下使用的设备必须经过防爆处理,并通过煤矿安全认证才能在这些条件下安全使用。

3.3.1 透地通信

透地通信技术主要用于实现地面与井下之间的通信,这种通信技术主要依赖于特低频或甚低频电磁波(通常在几百到几千赫兹的范围内)来透过地层进行信号传输。值得注意的是电磁波的频率越高,地层介质对其的衰减作用越明显,因此透地通信通常采用较低的频率以减少衰减。

透地通信的无线方式主要包括单工和半双工两种模式。这一系统的主要组成部分包括透地通信系统软件、超低频发射机、环形天线等地面

---

① 煤炭科学研究总院.现代煤炭科学技术理论与实践 煤炭科学研究总院五十周年院庆科技论文集[M].北京:煤炭工业出版社,2007:532.

设施以及超低频接收机等井下设备。在井下应急救援通信中，透地通信可作为一种重要手段。但是这种通信方式也存在一些局限性，如信道容量较小、易受电磁干扰等。随着技术的发展和进步，透地通信技术已经实现了双向语音通信的能力。目前透地通信的有效深度大约在 400 米左右。在这个深度范围内地面与井下可以通过透地通信技术进行有效的通信交流。

尽管透地通信存在一些局限性，但在特定情况下，如在矿井发生事故，传统的通信方式无法使用时，透地通信成为了井下人员与地面救援人员之间沟通的重要手段。透地通信不仅可以提供紧急救援信息的传输，还能在一定程度上帮助定位被困人员的位置，从而提高救援效率和成功率。

3.3.2 感应通信

感应通信技术主要用于矿井等特殊环境下的通信。这种通信方式主要通过电磁耦合的原理来实现，借助于矿井巷道内敷设的金属导体（如电话线缆、钢丝绳、电力线等）作为感应线来传输电信号。感应通信工作在中低频段，通常在几千赫兹到几兆赫兹之间，采用的无线通信方式主要是半双工。感应通信系统结构相对简单，主要由收发信机、感应线圈和对讲机等组成。这种通信方式由于其价格相对较低、感应线敷设简便、无须中继器等优点，成为煤矿井下非常受欢迎的移动通信方式。它广泛应用于应急救援、大巷机车、斜井人车等场合，提供了一种在这些特殊环境中进行通信的有效途径。

感应通信也存在一些局限性，由于它受环境影响较大，通话时的噪声和传输损耗较大，这导致通信质量不尽如人意。特别是当用户稍微远离感应体时，信号会变得不稳定。这些问题在一定程度上限制了感应通信在更广泛场景中的应用。尽管如此感应通信技术仍然是煤矿井下通信的一个重要组成部分。它在特定场景下提供了一种经济有效的通信解决方案，尤其是在没有复杂通信基础设施的矿井环境中。为了克服其局限性，研究人员和工程师一直在探索提高其通信质量和稳定性的方法，例如优化感应线圈的设计、改进信号处理算法等。未来虽然可能会逐渐被更先进的通信技术所替代，但在某些特殊应用场景中，感应通信仍将有其存在的必要性。

3.3.3 漏泄通信

漏泄通信技术主要通过漏泄电缆的径向辐射特性和双向中继放大技术来实现无线电波在屏蔽空间和井下巷道的双向远距离传输。这种通信技术使用的传输介质是漏泄同轴电缆，它比普通同轴电缆在短波频段的传输损耗略大，在巷道中起到长天线的作用，因此传输距离更远[①]。漏泄电缆是一种具有特殊结构的同轴电缆，它通过在外导体上制作孔或槽、网眼等，使电波漏泄出来，从而能够与收发信机实现无线通信。

漏泄通信系统一般工作在高频段或甚高频段，频率范围通常在数兆赫兹到数百兆赫兹。这种通信方式通常是半双工的，其信号覆盖范围大约在漏泄电缆 30 米以内。系统通常由地面主站和井下工作站组成，通过无线收发信机、调制解调器及漏泄电缆进行通信。由于漏泄通信受环境影响较小，信道相对稳定，利用功率分配技术，漏泄通信能够解决无线电波在巷道内分岔传输的问题，因此可以在地下巷道中建立树形无线通信网。然而，漏泄通信也存在一些缺点。首先，漏泄电缆的造价相对较高，信号衰减较快，这意味着在矿井沿途需要不断地接入中继放大器和配套供电设施，从而增加了施工和维护的难度。其次，漏泄通信的通话质量通常不是很理想。

在中国对漏泄通信的研究和开发始于 20 世纪 80 年代末，有多种漏泄通信系统是自那时起被推广应用的。这些系统在提供有效的井下通信

---

① 李国清.矿山企业管理[M].北京：冶金工业出版社，2015：171.

方面发挥了重要作用，尤其是在煤矿等环境中。尽管存在一些局限性，在面对覆盖长距离和复杂巷道的矿井环境中漏泄通信技术仍然最可靠的一种选择。

3.3.4 无线传感器网络（WSN）Zigbee 通信

Zigbee 通信是一种基于 IEEE 802.15.4 标准的近距离、低功耗无线网络技术。它的传输速率在 10 至 250 kbps 之间，理想的连接距离为 10 至 75 米。Zigbee 网络以其低能耗特性而闻名，适合电池供电的模式，并能采用休眠状态以进一步节省能源。理论上，Zigbee 网络支持高达 65536 个节点，且具有较短的延时特性，活动设备的信道接入延时仅为 15 毫秒。

Zigbee 通信的参考模型包括物理层、媒体访问控制层、网络层和应用层四个层次。物理层操作在 868 MHz、915 MHz 和 2.4 GHz 三个工作频段，采用直接序列扩频（DSSS）技术，负责无线收发器的激活 / 关闭、信道能量检测、链路质量指示、信道空闲评估和频率选择。媒体访问控制层提供两种信道访问机制：无信标网络和信标使能网络，前者采用避免冲突的信道访问控制机制，后者用于设备间的同步。网络层则负责网络的管理、路由、消息传输和安全管理。应用层包括应用支持子层、Zigbee 设备对象和应用框架。

ZigBee 技术是近年来新兴的、短距离、低速率的无线通信技术[1]，Zigbee 网络定义了三种类型的设备：协调器、路由器和终端设备。协调器和路由器属于全功能设备，而终端设备则是简约功能设备。每个网络只有一个协调器，它负责重建 Zigbee 网络、进行网络配置、频段选择，并协助完成绑定功能。路由器允许其他设备加入网络，分配网络地址，提供多跳路由和数据转发。终端设备不提供网络功能，仅执行基本的传感或控制功能。

---

[1] 李国清 . 矿山企业管理 [M]. 北京：冶金工业出版社，2015：172.

Zigbee 网络支持星形、树形和网状拓扑结构。由于其低成本、简单协议、多跳和自组织无线传感器网络特性，以及低功耗优势，Zigbee 被广泛应用于煤矿井下人员定位、车辆定位、设备参数检测等领域。

Zigbee 技术的低功耗特性对于这些通常电源有限的应用至关重要。Zigbee 能够支持大量节点，这使得构建一个覆盖广泛区域的网络成为可能，从而提高井下工作人员的安全性和生产效率。Zigbee 网络的多跳特性允许信号绕过障碍物，自组织的特性也意味着网络能够适应环境变化和节点动态变化，增强了网络的灵活性和鲁棒性。

3.3.5 矿用 Wi-Fi 无线通信

随着无线局域网（WLAN）技术的迅速发展和普及，IEEE 802.11系列标准已成为最广泛应用的 WLAN 技术，借助矿山 Wi-Fi 网络，矿工可以在井下使用蜂窝电话[1]。自 1997 年发布首个 IEEE 802.11 标准以来，已陆续推出多个衍生标准，如 802.11a、802.11b、802.11g、802.11e、802.11f、802.11h、802.11i、802.11j、802.11n、802.11ac 和 802.11ax 等。

特别是在 802.11ax 标准中，通过整合 OFDMA 频分复用技术、双向多用户 MIMO 技术（DL/UL MU-MIMO）、更高级的调制技术（1024-QAM）、空间复用技术（SR）和 BSS Coloring 着色机制、扩展覆盖范围（ER）等先进技术，数据传输速率相比早期的 802.11a 和 802.11g 标准的 54 Mb/s 有了显著提升。这些新技术与 IEEE 802.11a/b/g/n/ac/ac wave 2/ax 标准兼容，并能在 2.4 GHz 和 5 GHz 双频段同时提供服务。新一代 Wi-Fi 技术，即 Wi-Fi6，其最高速率可达 9.6 Gbps，大大提升了 WLAN 的性能。新一代的 Wi-Fi6 技术有以下几点。

---

① 李国清. 矿山企业管理 [M]. 北京：冶金工业出版社，2015：172.

1.OFDMA 正交频分复用多址

OFDMA 是一种先进的多用户复用信道资源技术，它通过将子载波分配给不同用户，增加了 OFDM 系统中的多址能力。

OFDMA 技术允许根据信道质量分配发送功率，并可以更细致地分配信道的时频资源。在 802.11ax 标准中，系统可以根据信道质量选择最优的资源单位（Resource Unit，RU）来进行数据传输。这种灵活的资源分配机制使得 OFDMA 在处理不同信道条件下的数据传输时更为高效。

OFDMA 提供了更好的服务质量（QoS）。在早期的标准，如 802.11ac 中，数据传输占据整个信道，如果有 QoS 数据包需要发送，必须等待前一个发送者释放整个信道，从而造成较长的时延。然而，在 OFDMA 模式下，由于一个发送者只占用部分信道资源，一次可以同时发送多个用户的数据。这种方法显著减少了 QoS 节点接入的时延，并提高了数据传输的效率。

OFDMA 技术支持更多用户的并发传输和提供更高的用户带宽。这是通过将整个信道资源划分成多个子载波（也称子信道）实现的。这些子载波又被分为不同的 RU 类型和组，每个用户可以占用一个或多个 RU，以满足不同带宽需求的业务。在每个时间段内，多个用户可以同时并行传输数据，而无须排队等待。这不仅提升了整体的网络效率，也降低了排队等待的时延。

2.DL/UL MU-MIMO 技术

DL/UL MU-MIMO 技术是无线通信领域的一项重要进展，特别是在 802.11ax 标准中的应用显著提升了无线网络的性能。MU-MIMO（多用户多输入多输出）技术利用信道的空间分集特性在同一带宽上发送独立的数据流，从而增加数据传输的效率和容量。

在 802.11ax 标准中，MU-MIMO 技术支持 DL（下行链路）8x8 配置，

这意味着接入点（AP）能够同时与多达 8 个终端设备进行通信，每个设备都有自己的数据流。结合 DL OFDMA 技术，即下行正交频分复用多址技术，系统能够在同一时刻通过 MU-MIMO 进行多用户数据传输，同时为不同用户分配不同的资源单位（RU）进行多址传输。这不仅增加了系统的并发连接量，还均衡了整体网络的吞吐量。

同样的，支持 UL MU-MIMO（上行链路多用户多输入多输出）的 802.11ax 标准，在结合 UL OFDMA 技术（上行正交频分复用多址技术）时，也能实现类似的性能提升。通过上行 MU-MIMO 传输和分配不同 RU 进行多用户多址传输，大大降低了应用时延。这使得接入点能够同时与多个终端设备进行数据传输，显著提高了网络的总体吞吐量。

DL/UL MU-MIMO 技术的这些特点，特别是在高密度用户环境中能够有效提高无线网络的性能。它通过允许多个设备同时传输数据，不仅增加了网络的容量，还提高了数据传输的效率。

3. 更高阶的调制技术（1024-QAM）

在无线通信领域，调制技术的发展极大地提高了数据传输速率和网络效率。IEEE 802.11ac 标准在此方面采用了 256-QAM（Quadrature Amplitude Modulation，正交幅度调制）技术，而 802.11ax 标准则进一步采用了 1024-QAM 技术。

256-QAM 允许每个符号携带 8 位数据（2 的 8 次方等于 256），这意味着更多的信息可以在每个符号传输中被包含。然而，802.11ax 标准引入了 1024-QAM 技术，它进一步提高了数据密度，允许每个符号传输 10 位数据（2 的 10 次方等于 1024）。这表示相较于 802.11ac，802.11ax 的单条空间流的数据吞吐量提高了约 25%。

更高阶的调制技术如 1024-QAM，通过允许每个传输符号携带更多的数据，显著提高了网络的数据传输效率。这意味着在相同的频带宽度下，可以传输更多的数据，从而提高了网络的整体性能。特别是在数据密集型的应用场景中，如视频流媒体传输、大型文件下载和上传等，这种提高带来的效益尤为明显。

随着调制阶数的增加，对信号的质量要求也随之提高。更高阶的调制技术如 1024-QAM 需要更好的信号质量和更高的信噪比才能有效工作。这意味着在实际应用中，要充分利用 1024-QAM 带来的优势，需要具备良好的网络环境和优质的硬件支持。

4.BSS Coloring 着色机制

在无线局域网通信技术中，BSS Coloring 着色机制是一项创新的功能，它在 IEEE 802.11ax 标准中被引入，这一机制的核心思想是通过为每个接入点（AP）分配一个独特的"颜色"，以此提高无线网络在复杂环境中的性能和效率。

BSS（Basic Service Set）是无线局域网中的基本组成单元，包含一个 AP 和与之连接的所有设备。在 802.11ax 标准中，每个 BSS 都被赋予一个独特的"颜色"，实际上是在 PHY 报文头中添加了一个 BSS Color 字段。这个字段允许不同 BSS 的数据被"染色"，即对数据进行区分标志。简而言之就是给每个无线网络的数据流加上一个独特的标记，以此来区分它们。这种着色机制的主要优势在于改善了信道的利用率。在传统的无线网络中，当一个设备准备发送数据时，如果侦测到信道已经被占用，通常会避让以防止冲突。然而，这种避让行为会导致信道利用率下降。在引入 BSS Coloring 后，设备首先会检查占用信道的 BSS Color。如果侦测到的颜色与自己的 AP 不同，它可以选择不避让，继续发送数据。这意味着即使在相同的信道上，属于不同 BSS 的设备也可以同时进行数据传输，从而大大提高了信道的利用率。

BSS Coloring 机制还有助于减少干扰。在多 AP 环境中，不同的 AP 可能会在相同的频率上运行，导致性能下降。通过 BSS Coloring，可以智能管理这些 AP 的数据传输，减少干扰，提高网络的整体性能。

5. 扩展覆盖范围（ER）等多种技术

在矿用 Wi-Fi 无线通信领域，IEEE 802.11ax 标准的采用带来了显著的技术进步，特别是在扩展覆盖范围（ER）等方面的多种技术优化。尽管在矿井环境中相对滞后于地面应用，但是这些技术的应用仍然为井下通信带来了重要的提升。

802.11ax 标准通过采用 Long OFDM symbol 发送机制显著改善了无线信号的传输效率和稳定性。这种机制将每次数据发送持续时间从 3.2 微秒提升到 12.8 微秒。更长的发送时间意味着信号在传输过程中的稳定性增强，从而降低了数据包丢失的概率，特别是在信号质量较差的环境中。

802.11ax 在上行信号覆盖方面也进行了优化，最小仅使用 2MHz 的频宽进行窄带传输。这种窄带传输有效降低了频段噪声的干扰，提升了终端接收信号的灵敏度，进而增加了无线覆盖的距离。这对于矿井这样的特殊环境而言是极为重要的，因为矿井环境通常受到严重的电磁干扰，信号传播条件复杂。

矿用 Wi-Fi 无线通信系统通常以光纤环网作为骨干网络，在井下设立多个 Wi-Fi 通信分站，以实现对矿井巷道的 Wi-Fi 网络覆盖。由于井下巷道空间的限制和特殊的工作环境，覆盖距离相对较小，双向基站的覆盖距离通常约为 300 米。

井下通信系统还采用了矿用本质安全型手机，这些设备能够接入无线网络，实现井下的语音调度通话。工作频段通常使用的是 2.4GHz 的自由无线频段，这个频段虽然受到更多干扰，但因其广泛的设备兼容性和较好的穿透力，成为井下无线通信的实用选择。

矿井 Wi-Fi 通信系统由软交换设备、网关装置、工业以太环网交换机、矿用无线通信基站和 Wi-Fi 手机等构成，提供了成本效益高、语音系统容量较大和综合数据业务扩展的能力。这一系统在煤矿综合自动化监控数据传输、光纤以太环网对接和综合网关设备应用方面得到了广泛应用，成为了当前流行的宽带数据通信解决方案。该系统还支持与矿区固定电话和公众移动通信网的连接，并能按照生产需求对联网用户进行统一编号和混合网络配置。表 3-2 为矿用本安型 Wi-Fi 基站与矿用本安型 Wi-Fi 手机的技术规格。

表 3-2　矿井 Wi-Fi 通信系统技术规格

设备	项目	技术规格
矿用本安型 Wi-Fi 基站	工作电压	DC 18 V
	接口	3 个 10/100M-Base-TX RJ45 以太网口， 2 个以太网光口
	Wi-Fi 无线传输参数	协议为 802.11 b/g/n
	无线工作频段	2.4 GHz
	无线调制方式	DSSS 和 OFDM
	安全管理	无线网络支持 64/128 bit WEP/WPA 加密
矿用本安型 Wi-Fi 手机	通信标准	Wi-Fi（802.11 b/g/n）
	工作电压	3.7 V

Wi-Fi 基站支持 802.11 b/g/n 标准，能够在 2.4 GHz 频段上通过 DSSS 和 OFDM 的无线调制方式进行信号传输，提供了多种工作模式，如中继桥接和桥接 + 覆盖。基站具有多个以太网口和光口，提供灵活的网络连接选项。为保证网络安全，基站还支持高级的 WEP/WPA 加密技术。

矿用本安型 Wi-Fi 手机作为无线通信系统的终端设备，支持 802.11 b/g/n Wi-Fi 通信标准，使其能够在矿井环境中有效地与 Wi-Fi 网络连接。它的工作电压为 3.7V，符合矿用设备的能源需求。

3.3.6 3G 矿井移动通信

自 20 世纪中叶以来移动通信技术经历了快速发展。1947 年提出蜂窝通信概念后，移动通信技术迅速演进跨越了五个发展阶段。第一代移动通信（1G）主要采用频分多址（FDMA）模拟通信技术，提供基础的语音通信服务。然而，模拟通信技术存在固有缺陷，例如低频谱利用率、小容量、高成本和大体积，特别是无法满足国际漫游需求。

进入 20 世纪 90 年代，数字蜂窝移动通信系统的出现标志着移动通信技术的重大突破。数字通信技术具有优越的抗干扰能力、更大的通信容量和更高的服务质量。第二代移动通信系统（2G）采用频分双工模式（FDD），不仅提供语音通信业务，还能提供低比特率的数据业务。但这一代技术业务相对单一，无法实现全球漫游，也未形成全球统一的标准体系。

由于矿井地下环境特殊性，矿井通信技术的发展相对滞后，出于适用性的考虑矿井通信系统跳过了上述两代技术，直接进入第三代移动通信（3G）时代。3G 系统响应了图像、语音、数据多媒体业务需求的增长，用户数量急剧增加。3G 定义了五个"W"目标：任何人（Whoever）、任何时间（Whenever）、任何地点（Wherever）进行任何形式（Whatever）的通信，实现"个人通信"。3G 主要采用宽带 CDMA 扩频通信技术，优势包括抗干扰、加密、抗多径衰减、软切换和大系统容量等，主要系统有 CDMA2000、WCDMA 和 TD-SCDMA。

2009 年随着中国三大 3G 牌照的颁发，中国移动通信正式进入 3C 时代。3G 的特点包括全球化系统、全球漫游、多媒体业务（语音、数据、视频图像）、用户唯一的个人电信号码、智能网和软件无线电功能，以及全球频谱资源的统筹安排。矿井 3G 移动通信系统是针对矿井特殊环境设计的，它结合了煤矿地面井下特殊的地理空间结构和防尘防爆环境要求。该系统对井下基站和移动终端增加了防爆措施，除了提供传统的语音、短消息等业务外，还提供数据接入等 3G 业务。通过智能化调度管理机实现统一的号码管理，一体调度机统一网络管理，通信速率可达 2 Mbps，单方向覆盖 500 米，工作在特高频段，实现全双工语音通信。

这一系统具有强抗干扰性、高语音质量、丰富的业务、高安全性和高可靠性，在部分矿井中得到了推广应用。

矿井 3G 移动通信系统基于 TD-SCDMA 技术，其主要构成包括调度交换机、基站控制器、地面基站、本安型基站、本安型手机终端、网管终端等，设备具体的技术规格见表 3-3。

表 3-3　矿井 3G 移动通信系统部分设备规格

设备	项目	技术规格
调度交换机	用户容量	可达到 5000 个
	中继数量	支持 24E1
	VoIP 端口	最大支持 768 通道
	输入电压	AC 90 ~ 260 V
基站控制器	最大载波数	支持 12 个
	分组域数据最大吞吐	24 Mbps
	光接口数量	12 个
	连接基站数	72 个
	输入电压	AC 176 ~ 264 V
矿用本安型（3G）无线基站	天线通路数	2 个
	最大载波数	3 个
	单载波工作信道	23 个
	工作频段	1880 ~ 1920 MHz
	供电电源	DC 12 V
	功耗	≤ 10 W
	覆盖距离	平直巷道 ≥ 500 m
	防护等级	IP54
3G 矿用本安型手机	额定工作电压	DC3.7 V
	最大工作电流	≤ 600 mA
	工作频率	1880 ~ 1920 MHz
	振铃响度	70 dB

调度交换机具备高度的模块化和灵活性，可以根据需要进行扩容。它支持 TD-SCDMA、Wi-Fi、PHS 等多种无线系统接入，实现了有线、无线终端的统一调度，不仅具备常规的通信功能，还能实现组呼、群呼、强插、强拆、会议、录音、监听等多种高级功能。技术上它支持多达 5000 个用户，24E1 的中继数量和最多 768 通道的 VoIP 端口，输入电压范围广泛，从 AC 90V 到 260V。

基站控制器则充当系统的综合接入控制单元，集成了核心网分组域、无线网络控制和基站控制等多项功能。这一设备的技术规格包括支持最多 12 个载波，24Mbps 的最大分组域数据吞吐量，以及 12 个光接口和最多 72 个基站的连接能力，确保语音和数据的高效统一接入与处理。

矿用本安型 3G 无线基站专为矿井内部设计，具有防爆、低功耗、低热量和高可靠性等特点，为终端设备提供稳定的无线接口。它支持最多 3 个载波，每个载波有 23 个工作信道，工作在 1880 到 1920 MHz 的频段。其供电电源为 DC 12V，功耗低于 10W，覆盖距离可达 500 米以上，防护等级为 IP54。

3G 矿用本安型手机是与无线基站配套使用的终端设备，专为矿井环境设计，可在有瓦斯煤尘的环境中安全使用。这种手机支持 1880 到 1920 MHz 的工作频率，具备足够的振铃响度，以适应嘈杂的矿井环境。

由于 3G 技术的通信速率相对较低，这在某些矿井的远程遥控作业和数据传输需求上存在局限性。尽管一些矿井仍然使用这一系统，但随着 LTE-4G 技术的出现，矿井通信将向更高速率、更高效率的新技术迁移。

3.3.7 4G 矿井专网移动通信

第四代矿井（4G）专网移动通信系统的应用标志着矿山通信技术进入了一个新时代，与之前的通信系统相比，4G 系统在多个技术领域取得了显著的进步。4G 系统基于 OFDM/OFDMA 多载波调制技术，而传统的 3G 系统是基于 CDMA 码分多址技术，4G 系统通过采用 OFDM（正交频分复用）、MIMO（多输入多输出）、链路自适应和小区间干扰控制等多项关键技术，极大地提升了系统的整体性能。

OFDM 技术能够有效地对抗多径和符号间干扰，其优异的频谱利用效率使其非常适用于煤矿井下多径环境的高速数据传输。MIMO 技术作为无线通信领域智能天线技术的重大突破，显著提高了通信系统的容量和频谱利用率。链路自适应技术，包括自适应调制编码（AMC）、混合自动请求重传（HARQ）和动态功率控制等技术，能根据无线信道的实时变化灵活调整系统配置，从而提高系统的整体吞吐量，满足不同业务需求。小区间干扰控制技术通过干扰协调与避免技术，有效控制其他小区的干扰，提高了系统的整体运行效率。

矿井 4G 通信系统的主要业务也从传统的语音通信转移到了数据传输和设备控制。这种转变意味着服务主体已经从语音通信完全迁移到数据通信，并涉及工业信息安全。中国煤矿的 4G 无线通信系统主要基于 TD-LTE 技术，在 20 MHz 的带宽下能实现下行 100 Mbps 和上行 50 Mbps 的速率，井下基站定向天线在平直巷道的覆盖距离可达 1000 米以上。4G 系统的数据带宽优势使其能够为矿山提供更加丰富和多样的业务，包括语音和视频通话、视频监控、多媒体调度、多方会议（语音和视频）、集群对讲（语音和视频）、数据传输以及井下移动安全生产管理等。

4G 系统在网络的安全性、可靠性和可扩展性方面具有明显的技术优势，不仅提供了高速的数据和视频传输能力，还提供了高效的集群通信功能，使矿山通信更加灵活和高效。通过这些技术的融合，矿井 4G 专网移动通信系统能够满足矿山在通信方面的多样化需求，提供稳定可靠的服务，从而提高矿山的生产效率和安全性。

1. 通信系统构成

矿井（4G）专网移动通信系统基于TD-LTE技术，其构成主要包括核心交换单元（eSCN）、演进型基站（eNodeB）子系统、本安型手机终端和4G矿用本安型CPE。

表3-4 矿井4G移动通信系统部分设备规格

设备	项目	技术规格
核心交换单元（eSCN）	最大注册用户数	4000个
	最大并发群组数	512个
	PS用户吞吐量	2 Gbit/s
	最大在线群组数	1500个
	最大并发语音数	1024个
	最大基站数	100个
	电压	AC 220V，50 Hz
	最大功率	133.5 W
演进型基站（eNodeB）子系统	最大小区数	12个
	最大在线用户数	3600个
	集群语音组数	240个
	灵敏度	-103 dBm（5 MHz）
本安型手机终端	群组建立时延	小于300 ms
	话权抢占时延	小于150 ms
	防护等级	IP67
	支持频段	LTE 1.4G：1447～1467 MHz；1.8G：1785～1805 MHz
	Wi-Fi支持	802.11 b/g/n
	视频回传	1080P高清
	后置摄像头	1300万像素
	前置摄像头	500万像素

续表

设备	项目	技术规格
4G 矿用 本安型 CPE	最大传输速率	下行 100 Mbit/s，上行 50 Mbit/s
	工作电压	DC 12 V
	工作电流	≤ 200 mA
	工作频率	1785 ～ 1805 MHz
	发射功率	−40 ～ −10 dBm
	输出信号	RS−485 数据接口 1 路，RJ45 接口 1 路

核心交换单元（eSCN）作为无线集群系统的交换网关设备，在 LTE-4G 无线集群系统中提供了包括签约数据管理、鉴权管理、移动性管理等多种功能。设备支持高达 4000 个用户的注册，能够同时处理多达 1500 个在线群组，确保了高效的通信管理。其最大功率为 133.5 W，电压为 AC 220V，显示出其良好的能源效率。

演进型基站（eNodeB）子系统由多个部分组成，包括控制系统、传输系统、基带系统、射频系统和天馈系统。该系统的主要功能是完成上下行数据的基带处理，并提供与射频模块的通信接口。技术规格上，单站支持的最大小区数达到 12 个，最大在线用户数为 3600 个，集群语音组数为 240 个，有着高容量和广泛覆盖的能力。

本安型手机终端是井下使用的无线通信终端设备，支持多种通信模式，包括私密呼叫、组呼、短信彩信等。其群组建立时延小于 300 ms，话权抢占时延小于 150 ms，具有高防护等级 IP67。支持的频段包括 1.4 G 和 1.8 G，能够在各种环境下稳定运行。后置摄像头为 1300 万像素，前置摄像头为 500 万像素，提供了高质量的视频通话功能。

4G 矿用本安型 CPE 是基于 TD-LTE 宽带接入的 CPE 设备，能够将各种采集数据、视频监控数据通过网口或 Wi-Fi 接入宽带网络。该设备支持最大传输速率达到 100 Mbit/s 的下行速率和 50 Mbit/s 的上行速率，工作电压为 DC 12 V，工作电流不超过 200 mA，有着高效的数据处理能力和低能耗特性。

2. 煤矿 4G 无线网络预规划

煤矿 4G 无线网络规划是一个综合性的过程，涉及基站数量、容量配置和传输要求的初步估计。此外它还包括对矿井地面和井下的覆盖规划，以及对网络性能、安全和可靠性的考虑。所铺设的 4G 无线网络不仅需要满足当前的通信需求，还应具备适应未来技术进步和业务变化的能力。

（1）网络铺设规划。在传输速率方面，网络必须具备处理高数据速率传输的能力，通常在 1 Mbit/s 以上，以应对可能的数据拥堵情况。

在地面区域，4G 网络覆盖的规划可以借鉴一般市区的区域类型，涵盖矿区的办公区、生活区和处理厂等。这里的目标是确保稳定的数据连接，支持日常通信和数据传输需求。而井下覆盖规划则更为复杂。井下环境主要由狭窄、弯曲的巷道组成，金属结构和地下水的存在可能导致信号衰减和反射。在井下环境中，基站的布置必须确保关键区域如综采工作面、掘进工作面、井下变电所和水泵房等得到有效的信号覆盖。

井下的覆盖区域主要分为线区域和点区域。线区域主要是指巷道，而点区域则包括工作面或硐室等。对于线区域，由于巷道的长度和方向，可能需要使用定向天线或反射器来提高信号传输效率。在点区域，由于空间的封闭性和局部性，需要特别注意确保这些关键位置有稳定的信号覆盖。

井下 4G 网络的后期维护思路也应该作为前期规划的一部分。由于井下环境的恶劣和设备可能受到的机械损伤，定期的检查和维护是保证网络稳定运行的关键。网络维护工作包括检查设备的物理完好性、监测网络性能、更新软件和硬件，以及及时处理任何可能出现的技术故障，而在规划阶段应当充分考虑到网络铺设后维护难度的问题。

（2）站址选址规划。在矿井 4G 无线网络的规划中，站址选择的重要性在于以最少的基站数量实现最大化有效覆盖，这一过程涉及对井下特殊环境的深入理解以及对通信需求的准确评估。

井下的基站站址选择要基于巷道布置图和作业面的动态性。通常站址的选择分为重点区域覆盖和全巷道覆盖两种策略。重点区域覆盖主要关注如井底车场、运输大巷、综采工作面和掘进工作面等关键作业场所。这些区域是矿井运作的核心，需要保证通信的高效和稳定。特别是在综采工作面，由于其作业面持续变化和推移，基站的选址需考虑到未来的移动性，以及通信线缆的安全布置和保护。综采工作面不仅需要满足常规的语音传输和图像监控需求，还要考虑到遥控作业的特殊需求，这对数据传输量和通信稳定性提出了更高要求。

对于工作面的具体通信需求，需要考虑采高、工作面长度、坡度和起伏变化等因素。对于距离较短且起伏变化不大的工作面，一个基站可能足以提供覆盖；而对于距离较长或起伏较大的工作面，可能需要在进风巷和回风巷端头适当位置布置两个基站。更长或起伏变化更大的工作面，则可能需要在工作面的端头和端末分别布置基站。这种布局策略可以确保覆盖的有效性，并考虑到基站和通信线缆的安全及维护方便性。

安装通信电缆时，由于空间限制和安装难度，电缆一般需安装在支架上，这增加了维护的复杂性。因此在设计和规划网络时，不仅要考虑基站的最佳位置，还要考虑电缆的安全运行和维护的便利性。考虑到矿井环境的恶劣条件，基站和电缆的选材必须能够抵抗严酷的环境影响，如湿度、粉尘、振动等。

在整体网络规划中，除了考虑基站的物理布置外，还需考虑网络的容量和性能。基站的配置应根据预期的用户数量和数据传输需求进行优化，以确保网络不仅能够覆盖关键区域，还能处理高数据流量。网络的维护和升级策略也是规划过程的一部分，以确保网络能够适应未来技术的进步和作业需求的变化。

（3）天线规格规划。煤矿环境的特殊性要求网络设计师在天线选择和布局上采取针对性的策略，以满足不同场景的具体需求。由于煤矿井下的巷道空间狭窄且具有一定的局限性，在矿井中经常采用高增益定向天线，这种天线可以有效延伸单个基站的覆盖距离，尤其适用于狭长的巷道环境。对于巷道的拐弯处或起伏变化较大的区域，则可以考虑使用泄漏电缆，以实现更均匀的信号覆盖。在天线的具体布置上，由于巷道空间的限制，天线通常安装在巷道的侧壁或顶部，且体积需控制在合理范围内，以避免干扰正常的矿井作业和交通。

第四代矿井（4G）移动通信系统具备音频、视频和数据的三网融合能力，能够为矿井提供一个统一的通信平台。这一平台不仅实现了井下与井上通信的一体化，还整合了有线与无线通信，以及通信定位功能。语音和数据通信的一体化为矿井带来了高效的信息处理能力。

4G网络可以根据煤矿的具体需求进行优化，充分考虑现场工作特点，提供如视频监控、视频调度、宽带接入、语音集群通信、人员定位、短信 / 彩信传送、应急指挥调度等功能，这些功能共同提升了煤矿现场的信息采集、分发能力和紧急事件的响应能力。

LTE - Advanced 是 LTE 技术的进阶版本，提供更高的数据传输速率和更广的覆盖范围。其支持高达 100 MHz 的传输带宽，通过载波聚合技术，能够聚合多达 5 个 20 MHz 的分量载波。该技术还支持更广泛的多天线配置和多点传输接收协作（CoMP）技术，有效提升了数据速率和小区边缘用户的覆盖范围。中继功能的支持对于矿井特别重要，因为它不仅提升了网络的灵活性和临时部署能力，还增强了小区边界的用户吞吐量和新区域的覆盖能力。这使得 LTE - Advanced 成为适应矿井多变环境的理想选择，尤其是在需要迅速部署或扩展网络覆盖的情况下。

3.3.8 5G 技术在矿业的应用前景

在 4G 移动通信网络仍在全球范围内推广的同时，5G 技术的出现为移动互联网和物联网的发展提供了新的动力。新一代通信技术不仅支持着海量数据流量的增长，而且能够连接超过百亿量级的终端设备，为不同行业和领域带来了前所未有的机遇，当然也包括矿业领域。

5G 网络的核心特性包括几乎零时延的通信体验、百亿级的设备连接能力、高流量密度、高连接数密度和高移动性。这些特性使得 5G 网络能够在各种应用场景下提供一致的服务，实现"万物互联"的愿景。对于智慧矿山而言，这意味着可以在全矿区范围内实现高效、可靠的数据传输，为矿山自动化和智能化打下基础。在智能化矿山中，5G 技术未来的应用场景主要体现在以下几个方面。

1. 远程控制和自动化

5G 的高带宽和低时延特性使得矿山井下的固定设备和移动设备可以远程控制。操作人员可以在地面中心通过高清视频和传感器数据实时监控矿山内部情况，对设备进行精准操作。这不仅提高了安全性，还提升了生产效率。

2. 实时数据处理和决策支持

大量的传感器安装在矿区各处，实时收集关于矿山环境、设备状态和生产过程的数据。通过 5G 网络，这些数据可以快速传输至数据处理中心，实现实时分析和决策支持。通过分析这些数据，可以预测设备故障，优化资源分配，提高矿山运营的效率和安全性。

3. 增强现实（AR）和虚拟现实（VR）应用

5G 网络的高带宽和低时延特性使得 AR 和 VR 技术在矿山中的应用成为可能。操作人员可以利用 AR 设备获得关于设备状态和环境条件的即时信息，或者通过 VR 进行远程培训和模拟操作。

4. 物联网（IoT）集成

5G 网络支持百亿级设备的连接，这为物联网设备在智慧矿山中的广泛部署提供了基础。这些设备可以用于监测矿山环境、追踪设备状态和位置，以及自动化物料运输等。

未来，随着 5G 技术的持续发展和优化，智慧矿山的自动化和智能化将进一步加深，这也就意味着更高的生产效率和更好的安全性，也代表着对传统矿业工作方式的重大变革。5G 通信技术将成为智慧矿山发展的一个关键驱动力，推动矿业向更智能、更环保、更可持续的方向发展。

3.4　矿井综合通信网络的构建

智慧矿山的建设思路是将现代通信网络技术应用于矿山的各个领域，从而实现对矿山环境的全方位、深度感知。这一过程中通信网络的作用是提取相关信息，并将这些信息安全、稳定、实时地传输，以便实现数据功能的多样化应用。在智慧矿山的构建中，"一张网"通信网络的构成成为核心环节，其包含了多种通信技术和网络架构的融合。

随着矿山智能化技术的不断发展，视频、语音及各类传感器数量的大幅增加，对矿井通信网络提出了更高的带宽要求。为了满足固定设施和移动设备的信息传输需求，例如井下车辆和工作面设备的数据传输，矿井网络需要采用有线光纤环网与无线宽带的组合架构。这种架构融合了宽带和窄带传输网络，采用 TCP/IP 协议架构，主干网以千兆 / 万兆工业以太光纤环网为基础，通过宽带 LTE-4G 或 5G 无线网络实现全覆盖。这种结构既实现了宽带光纤环网与宽带无线网络的融合，又构建了一条"信息高速公路"。

为了进一步扩展网络的覆盖范围和功能，智慧矿山还采用了如Zigbee 等无线低功耗传感器网络节点、RS–485 与 CAN 总线等技术。这些技术作为网络的延伸，共同构成了智慧矿山的"一张网"融合通信网络平台。这一平台解决了矿山信息传输过程中存在的多系统、多平台、多通道、信息采集速度慢、协议多样、结构复杂、设备繁杂、各系统通信传输标准不统一、不兼容等问题。

智慧矿山的通信网络主要采用"千兆 / 万兆宽带光纤环网 +4G（5G）无线宽带网 + 低功耗窄带"传输技术。这种技术能够对矿井下的工业自动化信息、视频监控图像、无线电话通信、语音广播、调度指挥、人员及车辆定位管理、安全监测监控系统等进行统一接入和承载。借助物联网技术，这些数据可以被采集、分析、诊断和预警，实现集中管控、数据共享、移动互联和业务融合。

在这个统一的"一张网"传输平台上，智慧矿山具备多种通信接口，使得各个子系统的数据能够有机整合。这种整合不仅实现了相关联业务数据的综合分析，还能够实时传输生产状态。通过这种方式智慧矿山能够实时监控生产过程，及时响应各种环境变化和设备状态的改变，优化生产流程，提高安全管理效率。

3.4.1 RS–485 接口设备信号接入

在 RS–485 接口设备信号接入过程中，将 RS–485 串口信号通过串口服务器转换成 TCP/IP 网络接口信号，进而实现数据的双向透明传输。

RS–485 接口设备在矿山中广泛应用于各种监控系统、自动化控制设备及传感器，因其对于长距离和高速率数据传输的支持而受到青睐。这种接口因其在噪声环境下的可靠性和稳定性，特别适合于矿山这样的工业环境。然而，随着智慧矿山对高速网络和大数据处理能力的需求不断增长，需要将这些传统的串行通信技术无缝接入到更先进的 TCP/IP网络中。

串口服务器的主要功能是实现 RS-485 串口到 TCP/IP 网络接口的转换。这种转换的关键在于保持数据的双向透明传输，即数据在转换过程中不会被改变或失真，确保接收方可以准确地理解和处理发送方的数据。

完成了 RS-485 到 TCP/IP 的转换后，各种 RS-485 接口设备就可以被连接到统一的通信网络平台上进行数据传输。

3.4.2 CAN 总线设备信号接入

通过 CAN 转以太网网关的网络转换功能，CAN 总线设备可以与基于 TCP/IP 协议的网络平台无缝连接，实现数据的透明传输。

CAN 总线技术的设计目的是允许微控制器和设备在没有主机计算机的情况下相互通信。它最初被开发用于汽车电子，但现已广泛应用于许多其他工业自动化领域。CAN 总线的优势在于它提供了一种经济有效的通信方式，尤其是在设备数量众多且布局复杂的环境中。在智慧矿山的背景下，CAN 总线技术可以连接各种控制系统、传感器和执行机构，为矿山操作提供实时数据和控制指令。

CAN 总线与现代的以太网（TCP/IP）网络之间存在协议和技术上的差异，这就需要使用网关来实现二者之间的转换。CAN 转以太网网关的主要功能是将 CAN 总线的数据包转换为 TCP/IP 协议的数据包，反之亦然。这种转换保证了数据在两种不同网络系统之间的无缝传输，且不会损失数据的完整性和准确性。通过这种转换 CAN 总线接口的设备可以接入统一的通信网络平台进行数据传输。这一点对智慧矿山尤为重要，因为它使得来自不同设备和系统的数据可以集中处理和分析。例如矿山中的运输车辆、监控系统、安全设备等可能都使用 CAN 总线技术。通过将这些设备接入到基于 TCP/IP 的网络中，可以更容易地监控和协调这些设备的运作，提高矿山的整体效率和安全性。

在实际操作中，CAN 转以太网网关的部署需要考虑到网络的可靠性、稳定性和数据传输的效率。这通常涉及对网络结构的设计，确保网关的正确配置和优化，以及网络的持续监控和维护。为了实现最佳性能，网络设计师需要综合考虑矿山的特定需求，如设备布置、操作环境和预期的数据流量。

3.4.3 Zigbee 信号接入

在智慧矿山中，Zigbee 技术主要应用于无线传感器网络，收集各种环境和设备数据。为了将这些数据有效地整合到矿山的通信网络平台中，需要建立一条将 Zigbee 网络与基于 TCP/IP 协议的以太网之间的数据传输通道。

Zigbee 和以太网之间的无线网关起到了桥梁的作用，网关的主要任务是实现 Zigbee 数据包与以太网 TCP/IP 协议之间的转换，确保两个不同协议系统之间的数据能够顺畅、准确地传输。这一过程包括数据包的解析、协议转换和数据重新封装，最终实现 Zigbee 技术与以太网的互通。

在智慧矿山的 Zigbee 网络中，各个网络节点负责收集来自传感器的数据，并通过多跳传输方式将数据传送到 Zigbee 汇接点。这种多跳传输是 Zigbee 网络的一个显著特点，它允许数据在传输过程中通过多个中间节点，从而覆盖更广阔的区域并提高网络的可靠性。到达汇接点后，数据被发送到网关，网关则负责进行数据包的解析。

网关中的协议转换和数据包重新封装过程是将 Zigbee 数据整合到以太网中的关键步骤。在这一步骤中，网关从 Zigbee 数据包中提取有效的信息数据，然后根据 TCP/IP 协议的要求重新组装这些数据。这一过程不仅涉及数据格式的转换，还包括确保数据传输的安全性和稳定性。

完成协议转换和数据包重新封装后，数据包通过以太网传输到控制中心。在控制中心，数据可以被进一步处理和分析，用于监测矿山的运营状态、制定决策、优化生产流程等。例如通过分析从传感器收集的环境数据，矿山管理者可以及时了解井下的气体浓度、温度、湿度等信息，从而提前采取措施以防潜在的安全风险。

3.4.4 Wi-Fi 信号接入

为了安全地在矿山环境中实现 Wi-Fi 信号的接入，需要采用特定的硬件和技术，包括矿用本安型 Wi-Fi 基站和本安型 CPE（Customer Premises Equipment）。

矿用本安型 Wi-Fi 基站的主要功能是将宽带有线环网信号转换成 Wi-Fi 信号。这种基站设计用于满足矿山环境的严格安全标准，能够在井下潮湿、粉尘多、易燃易爆的环境中稳定工作。通过这些基站矿山中的宽带有线环网信号能够被有效地转换成无线信号，从而扩大信号的覆盖范围，为井下工作人员和设备提供无线接入服务。

为了进一步扩展无线网络的覆盖范围和提高网络的可靠性，矿用本安型 CPE 用于将 Wi-Fi 接入到 TD-LTE 宽带集群网络中。TD-LTE（Time-Division Long-Term Evolution）是一种高速无线通信标准，特别适用于宽带数据传输。通过将 Wi-Fi 接入到 TD-LTE 网络，可以创建一个更为稳定和高速的无线通信环境，这对于支持复杂的矿山运营和数据传输需求至关重要。

通过在矿山中部署多个 Wi-Fi 热点，可以保证井下各个区域都能够接入网络。这对于实时监控矿山安全状况、提供即时通信和数据共享等方面都是必需的。具有 Wi-Fi 接口的终端设备，如携带式检测仪器、智能手持设备等，通过无线方式接入网络后，可以发送和接收数据，执行远程控制命令，或者访问云端服务和应用。

在智慧矿山中应用 Wi-Fi 技术，还需要考虑到信号的稳定性和网络的安全性。由于矿山环境的特殊性，Wi-Fi 网络必须能够抵御各种干扰，保持稳定的通信连接。此外网络安全措施也非常重要，以防止数据泄露或未授权访问。

Wi-Fi 网络的建设和维护是一个持续的过程。随着矿山运营的发展和技术的进步，Wi-Fi 网络可能需要升级或调整以适应新的需求。例，随着更多智能设备的引入，可能需要更高的数据传输速率和更广泛的覆盖范围。同时为了提高网络的可靠性和性能，可能需要定期进行网络测试和维护工作。

3.5 矿井通信网络的安全与防护

随着煤矿业的数字化和自动化转型，煤矿的通信网络系统正从封闭式转变为开放式，这一过程伴随着信息安全威胁的显著增加。煤矿通信网络不仅包括企业信息网和工业控制网，还融合了有线光纤环网和无线网络，覆盖了从地面到井下防爆区域的各种物理环境。这种网络环境的复杂性要求煤矿企业构建一个全面而坚固的信息安全防御系统。

在煤矿中，通信网络、不仅支持日常的企业管理活动，还直接关系到矿山的安全生产管理。一个典型的井工煤矿可能包含多达 30 个不同的安全生产管理子系统，每个系统的功能、重要程度及潜在的网络安全风险都有所不同。因此，针对每个子系统的安全防护需求也各不相同，需要根据它们的安全等级来确定相应的防护能力。

构建纵深防御系统是确保煤矿信息安全的关键，这个防御系统涵盖了从通信网络设计、选型、建设到测试、运行、检修和废弃的各个阶段。在设计阶段，需要考虑网络的整体架构，确保网络的隔离和分区，减少潜在的安全漏洞。选型和建设阶段应选择合适的设备和技术，以满足网络的性能需求同时确保其安全性。

在网络的测试和运行阶段，持续的监控和定期的安全审计是非常必要的，包括实时监控网络流量，检测异常行为，以及定期评估网络的安全状况。检修阶段应该小心处理网络组件，防止在维护过程中引入新的安全漏洞。最后，在网络设备或系统退役时，需要确保所有敏感数据被安全地删除或销毁，以防止数据泄露。

信息安全策略应该全面覆盖煤矿的各个生产环节，包括地面的工业控制系统和井下防爆区域的系统。由于这些环境的物理条件和运营需求有所不同，安全策略也应当相应调整。例如井下防爆区域的工业控制系统可能需要特殊的物理安全措施，以防止设备被恶意破坏或篡改。

煤矿网络安全的一个挑战是维持生产效率与安全防护之间的平衡。过于严格的安全措施可能会影响网络的性能和用户体验，而不足的安全措施则会使网络面临风险。煤矿企业需要找到一个合适的平衡点，确保网络既安全又高效。

随着技术的发展和网络攻击方法的演变，煤矿企业必须不断更新和升级其安全策略和技术。这要求企业保持对最新网络安全趋势的关注，定期培训员工，并与安全专家合作，以应对新的威胁和挑战。

3.5.1 网络安全防护技术措施

1. 加强边界防护措施

随着工业控制系统与企业办公管理系统的界限变得越来越模糊，确保两者之间有效的安全隔离显得尤为重要，建立工业非军事区（IDMZ）成为了一种重要的安全策略，旨在将工业网与企业网有效隔离，以防止潜在的网络攻击或数据泄露。

在矿井重要的安全生产管理子系统前端部署专用工业防火墙是实现这一目标的重要手段。这些工业防火墙专门设计用于对 Modbus、S7、Ethernet/IP、OPC 等主流工业控制系统协议进行深度分析，从而能够识别和过滤出不符合协议标准结构的数据包及不符合业务要求的数据内容。这些防火墙还能阻断任何穿越边界区域的电子邮件、Web、FTP 等网络服务，实现安全访问控制，有效阻断非法网络访问。

在工业控制系统内部，物理隔离和网络逻辑隔离的应用是确保系统安全的关键。通过这些方法，可以将控制系统的开发、测试环境与实际运行环境分开，从而降低因系统漏洞或测试错误而对生产环境造成的风险。在煤矿安全生产管理系统中，根据子系统业务特点的不同，应划分不同的安全等级。主要通风机控制子系统、选煤厂集控子系统等关键系统应采用较高的安全等级（如三级），而压风机控制、排水系统等则可以采用较低的安全等级（如一或二级）。同时，不同安全等级子系统之间应采用物理隔离或虚拟局域网（VLAN）等逻辑隔离措施。

在部署这些安全措施时，也必须考虑到工业控制系统可用性的高要求。在防护过程中，不能对系统的基本功能造成影响，同时要避免安全措施的延迟对系统的运行造成不利影响，以及防止安全设备故障对系统的影响。

针对无线通信网络的安全，由于其没有明确的物理边界，给网络安全带来了新的挑战。无线网络通常由移动终端、移动应用和无线网络组成，系统在有线网络与无线网络之间的访问和数据流应通过具备访问控制和入侵检测功能的无线接入网关。这种网关能够确保只有符合条件的设备才能通过认证。它还应能够检测到非授权无线接入设备和非授权移动终端的接入行为，并能有效阻断链接。同时，这种网关还应能够检测到针对无线接入设备的网络扫描、DDoS 攻击、密钥破解、中间人攻击和欺骗攻击等行为，以及 SSID 广播、WPS 等高风险功能的开启状态。

2. 物理和环境安全防护

在矿井生产环境中，物理和环境安全防护是保障工业控制系统正常运行的基础。矿井生产环境的特殊性要求各个区域采取不同的安全措施，以应对各自面临的安全威胁和挑战。系统可以划分为机房与调度中心区、地面安全生产区和井下安全生产区，每个区域都需要特定的防护措施来确保整体的安全性。

在机房与调度中心区，电子门禁系统的配置是保障这一区域安全的首要措施。这些区域通常存放着重要的工程师站、数据库和服务器等核心工业控制软硬件，因此需要特别的安全考虑。为了防止未授权访问和潜在的安全威胁，应该采取严格的访问控制、视频监控和专人值守等物理安全防护措施。

工业控制系统中 USB、光驱和无线等外设的使用，可能成为恶意代码如病毒、木马和蠕虫等入侵的途径。因此，拆除或封闭工业主机上不必要的外设接口是减少被入侵风险的有效措施。采用主机外设统一管理设备和隔离存放有外设接口的工业主机，也是重要的安全管理技术手段。

对于地面安全生产区的设备，选择合适的安装位置是基本的安全措施。需要考虑的安全因素包括防盗、防破坏、防雷击、防火、防潮、防水、防静电以及防电磁干扰等。保证供电的可靠性和稳定性同样重要，这一点可以通过采用冗余供电系统或后备电源来实现。

在井下安全生产区，考虑到这一区域通常为防爆区域且环境特殊，选择适宜的硐室以保证供电的稳定性和可靠性是关键。同时，对通信主干线的防护也不容忽视，以确保通信信号的稳定传输和系统的正常运行。

整体而言，物理和环境安全防护在矿井的不同生产环境中都扮演着至关重要的角色。通过细致的规划和严格的执行，可以有效保护工业控制系统免受物理和环境因素的威胁，确保矿井生产的安全和连续性。这不仅涉及技术层面的措施，还包括对人员的培训和意识提升，确保每个人都能理解并遵守安全规程。随着技术的发展和环境的变化，物理和环境安全防护措施也需要不断更新和适应，以应对新的挑战和威胁。

3. 身份认证管理

身份认证管理包括多个方面，从用户登录、系统账户权限分配到登录账户的管理，每一环节都需要精心设计和严格执行。

用户在登录工业主机、访问应用服务资源及工业云平台等过程中，应使用多种身份认证管理手段。这包括传统的口令密码、USB-key、生物指纹、虹膜等。在某些情况下，为了增加安全性，可以采用多重认证方式，如口令加生物指纹或口令加 USB-key 的组合，以确保只有授权用户才能访问系统资源。

系统账户权限分配应遵循最小特权原则，即用户仅获得完成其工作所需的最低限度权限。这种做法有助于最小化因事故、错误或篡改等原因造成的损失。同时，企业应定期进行账户权限的审计，确保分配的权限不超出员工的工作需要，及时收回不再需要的权限。

根据各子系统的资产重要性，应设定不同强度的登录账户和密码。对于涉及核心工业控制和关键数据的系统，应设置更强的密码和更复杂的登录过程。同时，这些账户和密码应定期更新，以避免使用默认口令或弱口令，减少被破解的风险。

使用 USB-key 等安全介质存储身份认证证书信息是一种有效的安全措施。通过建立严格的制度，对证书的申请、发放、使用和吊销进行控制，可以确保不同系统和网络环境下禁止使用相同的身份认证证书信息，从而提高身份认证的安全性。

4. 安全软件选择与管理

随着工业互联网的发展和智能制造的推进，工业控制系统越来越依赖于各种软件应用，这就需要确保软件的安全性和可靠性。安全软件的选择与管理包括多个层面，如软件白名单的实施、软件测试与验证等。

系统主机与移动终端应具备软件白名单功能。软件白名单是一种基于允许名单的安全策略，只有被明确列为受信任的软件才能在系统上运行。这种方法可以有效地阻止未授权的软件安装和运行，从而降低恶意软件入侵的风险。在实施软件白名单时，应详细列出企业内部批准的软件，包括操作系统、数据库管理系统、应用程序和工具软件等。这样，任何未经授权的软件，即使被下载到主机或移动终端上，也无法安装或运行。

对于工业主机如 MES（制造执行系统）服务器、OPC（对象链接与嵌入用于过程控制）服务器、数据库服务器、工程师站和操作员站等关键应用的安全软件，应事先在离线环境中进行测试与验证。这种做法可以确保安全软件在实际部署前不会对现有的工业控制系统造成干扰或损害。在离线测试环境中，可以模拟实际工作条件，验证安全软件的兼容性、稳定性和有效性。这一步骤对于保障系统稳定运行和提高安全性至关重要。

在安全软件的测试和验证过程中，应关注几个重要方面。首先是兼容性测试，确保新引入的安全软件与现有的工业控制系统软件能够顺利协同工作，不会产生冲突。其次是性能测试，评估安全软件是否会对系统的响应时间和处理速度产生负面影响。最后是安全测试，验证安全软件能否有效地识别和防御各种网络威胁。

在安全软件的管理方面，还需定期更新和维护。由于网络威胁不断演变，安全软件需要定期更新以应对新的安全威胁和漏洞，此外还应定期进行安全审核，以评估安全软件的有效性和整个工业控制系统的安全状况。

5. 系统远程运维安全管理

工业自动化和信息化的深入发展使得远程运维成为了提高效率和响应速度的必要方法，然而远程访问和运维也带来了安全风险，特别是当开通如 HTTP、FTP、Telnet 等通用网络服务时，工业控制系统更易受到侵入、攻击和被恶意利用的风险。

为了确保工业控制系统的安全，原则上应禁止开通可能引起高风险的通用网络服务。在确实需要远程访问时，应采用严格的安全措施。首先，可以在网络边界使用单向隔离装置或 VPN（虚拟专用网络）等方式来实现数据的单向访问。单向隔离装置可以有效地阻止潜在的入侵尝试，而 VPN 则能为数据传输提供安全的加密通道。

控制访问时限和采用加标锁定策略是防止远程访问期间的非法操作的有效手段。通过限制访问时间和监控远程操作，可以减少被攻击的机会和范围。对于需要远程维护的情况，应通过认证和加密手段来保证远程接入通道的安全性。使用 VPN 对接入账户进行专人专号管理，并定期审计接入账户的操作记录，以确保每次远程访问都是经过授权和可追溯的。

保留工业控制系统设备和应用的访问日志，并定期进行备份，也是重要的安全管理措施。通过审计用户账户、访问时间、操作内容等日志信息，可以追踪和定位非授权访问行为，及时发现和响应安全事件。定期对日志进行分析可以帮助识别潜在的安全威胁和弱点，从而采取相应的预防措施。

系统远程运维安全管理需要综合考虑各种安全措施和技术，从严格控制远程访问权限、使用先进的安全技术，到保留和审计详细的操作日志，每一个环节都是保障工业控制系统安全的关键。随着网络技术的不断发展和网络威胁的日益复杂化，煤矿企业必须持续关注和更新其远程运维安全管理策略，确保工业控制系统在提高运维效率的同时不会牺牲安全性。

6. 安全监测平台

一个高效的信息安全监控系统平台可以实现对网络中的安全设备或安全组件的统一管理，并对网络链路、安全设备、网络设备和服务器的运行状况进行集中监测。通过这种集中化的监控和管理，企业能够更有效地识别、响应和处理安全事件，从而提高整个网络的安全性。

信息安全监控系统平台的核心功能之一是集中监测。这包括对网络链路的连续性和可靠性、安全设备的运行状态以及网络设备和服务器的性能和运行状况的实时监测。通过实时监控，可以及时发现网络中的问题和异常，从而快速响应以避免潜在的安全风险。

平台对各个设备上的审计数据进行收集、汇总和分析是确保网络安全的关键。这些数据包括但不限于用户操作记录、系统登录日志、网络流量数据、安全警报等。安全团队通过分析这些数据可以更好地了解网络的整体安全状况，识别潜在的安全威胁和漏洞，从而制定更有效的安全策略。

信息安全监控系统平台还应对安全策略、恶意代码、补丁升级等进行集中管理。这意味着平台不仅仅是一个被动的监控工具，还应具备主动防御和响应的能力。平台能够及时更新和应用最新的安全补丁，防御恶意代码的入侵，并对安全策略进行实时调整，以适应网络环境的变化。

在处理网络中发生的各类安全事件方面，信息安全监控系统平台应具备高效的识别报警和分析能力。这包括及时发现、报告并处理包括病毒木马、端口扫描、暴力破解、异常流量、异常指令、工业控制系统协议包伪造等各种网络攻击或异常行为。通过实时的安全事件分析和报警，企业能够快速采取措施来阻止或缓解攻击的影响。

3.5.2 信息网络安全管理体系

仅依靠技术手段是不足以应对复杂多变的网络安全威胁的，必须将技术手段与安全管理策略相结合，形成一个全方位的防护体系。这个体系不仅包括技术层面的防御措施，还涉及管理制度、操作规程、人员培训和意识提升等多个方面。

1. 煤矿企业网络安全工作方针与策略的定制

煤矿企业需要制定网络安全工作的总体方针与安全策略，包括明确安全的总体目标、范围、原则和安全框架。安全策略是指导企业网络安全活动的基础，它定义了企业对于网络安全的基本态度、目标和基本原则。这些策略应涵盖所有相关的网络活动和资产，从物理设备到软件应用，从员工行为到应对突发事件的程序。

企业需要建立一个由安全策略、管理制度、操作规程和记录表单等构成的全面安全管理制度体系。这个体系应涵盖网络安全的所有方面，包括数据保护、访问控制、设备和软件的安全管理、应急响应和灾难恢复计划等。通过这个体系，企业能够规范各类安全管理活动，确保每个环节都有明确的指导原则和操作程序。

定期对安全策略和管理体系进行评审与修订也是至关重要的。随着技术的发展和网络威胁的变化，企业的安全需求可能会发生变化。因此，定期评审和更新安全策略和管理体系，能够确保它们始终与当前的安全威胁相适应，并有效地保护企业的网络资产。

2. 煤矿企业网络安全管理机构的建立与运作

在煤矿企业中，建立专门的安全管理机构并配备专业的安全管理人员是确保网络安全的重要步骤。随着技术的发展和网络安全威胁的日益增加，煤矿企业面临着日益复杂的网络安全挑战。因此建立一个专门的安全管理机构，不仅能够提高对网络安全威胁的响应能力，还能够确保安全管理措施的有效实施。

安全管理机构的建立需要明确部门与岗位的职责。这一过程包括确定网络安全管理的组织架构、职责分配以及人员配置。在这个机构中，应有清晰的责任划分，如网络安全策略的制定、系统的日常维护、应急响应、数据备份与恢复等。机构内部应有专门的人员负责监测和分析网络安全事件，以及进行技术支持和员工培训。

建立有效的审批流程对于加强网络安全管理同样至关重要。审批流程的建立可以确保所有的网络安全相关活动，如访问控制、软件安装、系统配置更改等，都能够经过严格的审核。这种流程能够有效减少因操作不当或管理不善导致的安全风险。

由于网络安全是一个多方面的问题，需要技术部门、管理部门、人力资源部门等多个部门的协作。通过建立跨部门的沟通机制，可以确保信息的流通和共享，提高对网络安全威胁的响应速度和效率。

定期的安全检查可以评估安全策略和措施的有效性，发现并解决存在的问题。安全检查内容应包括系统日常运行的监测、系统漏洞的检查、数据备份和恢复能力的测试等。这些检查不仅可以确保现有安全措施的有效性，还可以为未来安全策略的调整提供依据。

3. 加强安全人员管理与培训

在煤矿企业的网络安全体系中，加强安全人员的管理和培训可以有效提升其安全意识和专业技能，从而更好地应对各种网络安全挑战。对于新加入人员的审核、离职人员权限的收回以及外部访问人员的管理也是保障网络安全的重要环节。

增强安全意识和提升专业技能对于所有安全人员来说可以确保安全人员对最新的网络安全威胁有充分的认识，并掌握相应的防范和应对技能。培训内容应涵盖网络安全的基础知识、企业安全策略、操作规程、应急响应流程等。考核则可以通过模拟练习、测试或实际案例分析等多种形式进行，确保培训效果得到实际应用。

对新加入人员的安全管理也是非常必要的，新人员在入职之初应进行严格的安全审核，并签署相关的保密协议。这一过程包括对其背景信息的审查，以及对企业的安全规定和操作标准的培训。确保新加入的员工理解并遵守企业的安全政策，对保护敏感信息有充分的认识。

对于离职的员工，企业必须及时收回其所有访问权限，并确保其严格履行保密义务及相关手续。这包括关闭其账户、更改共享密码、回收所有企业发放的安全设备等。此外还应确保离职员工了解并遵守与保密相关的法律和公司政策，以防止敏感信息外泄。

对外部访问人员的管理同样重要。外部访问人员应通过相关审核批准流程，并在访问前进行登记备案。企业应为外部访问者分配适当的权限，并由专人全程陪同，以确保其不进行任何非授权的操作。在他们访问期间，应签署保密协议，并明确告知不得复制和泄露任何敏感信息。访问结束后，企业应及时收回所有分配的权限，确保网络的安全。

4. 煤矿企业全面网络安全管理体系的实施

建立和实施一个全面的网络安全管理体系应贯穿于安全建设的全过程，包括安全管理建设的规划与设计、产品的选择与测试、软件的开发与监控、外包软件的审核、工程实施的管理、测试验收以及系统交付等各个方面。

在安全管理建设时，企业应根据安全保护的等级进行整体规划与安全方案设计，并制定相应的安全措施。这包括确定网络安全的基本框架、关键资产的保护等级以及风险评估。安全方案的设计应考虑企业的具体需求和潜在的安全威胁，确保方案的有效性和可操作性。

选用符合国家相关规定的产品，并进行选型测试以确定合格的供方也是至关重要的。产品的选择应基于其性能、安全性、兼容性和可靠性等多个方面的考量。通过选型测试，可以确保所选产品能够满足企业的安全需求并与现有系统兼容。

对于自行软件开发，企业应将开发环境与实际运行环境分开，并制定软件开发管理制度与代码编写安全规范。在软件开发过程中对安全性能进行测试，并在软件安装前对可能存在的恶意代码进行检测。对程序资源库的修改、更新、发布应进行严格的授权和批准，并进行版本控制，对开发活动进行监视和审查，以防止安全漏洞和代码缺陷。

对外包开发的软件，应在交付前进行严格的检测和审核，以识别可能存在的后门、隐蔽信道及恶意代码。同时留存软件源代码、设计文档和使用指南，以便于未来的审核和维护。

在工程实施过程中，应授权专门的部门或人员负责工程实施过程的管理。制定安全工程实施方案，并通过第三方监理来控制项目实施过程。这可以确保工程按照既定方案和标准进行，同时也有利于识别和解决实施过程中可能出现的问题。

在验收前，企业需要制定测试验收方案，并根据方案实施测试验收。在上线前进行安全性测试，以确保系统的稳定性和安全性。最后，在系统交付时，对设备、软件和文档逐一清点，提供建设过程运行维护文档，并对运行维护人员进行技能培训，确保他们能够有效地管理和维护系统。

5. 矿井安全生产管理系统的网络安全管理措施

此表格总结了矿山安全生产管理系统网络安全维护的关键控制要素，涉及从机房安全到资产管理，从漏洞管理到应急响应等多个方面。这些措施共同构成了一个全面的网络安全管理框架，以确保矿山企业的网络安全和生产的连续性。

表 3-5　矿井安全生产管理系统的网络安全管理措施

控制要素	描述
机房安全管理	建立机房安全管理制度，指定专业管理人员，定期维护机房配套设施，管理敏感信息文档与移动介质
资产管理	建立资产清单，根据资产价值选择管理措施，规范化管理信息使用、传输和存储
介质安全管理	加强各类介质的安全管理，保证存储安全，管控传递过程，建立归档目录清单并登记盘点
维护管理制度	制定软硬件及相关配套设施的维护管理制度，定期维护设备和线路，加密重要数据，彻底清除报废设备中的敏感数据
漏洞与风险管理	定期开展安全测评，及时处理安全问题，离线环境中对补丁进行安全评估和测试验证，及时升级

控制要素	描述
安全管理制度	建立网络与系统相关的安全管理制度，规定安全策略、账户管理、配置管理等，指定专人进行账户管理，分析统计日志与监测数据
防范恶意代码意识	建立防病毒和恶意软件入侵管理机制，定期扫描病毒和恶意软件，更新病毒库，避免移动终端在广域网与工控网之间共用
工业控制系统配置管理	记录保存基本配置信息，建立工业控制系统配置清单，做好安全配置，定期进行配置审计，对重大配置变更进行安全测试
备份与恢复管理	对重要业务信息、系统数据及软件系统定期备份，制定备份和恢复策略与程序
重要安全事件应急预案	制定应急预案，定期培训相关人员，进行应急演练，做好安全事件处置工作

表 3-5 详细列出了网络安全维护的多个关键控制要素，每一要素都针对特定的安全领域，共同构成了一个全面、多层次的安全防护体系。

机房安全管理是基础且关键的措施。通过建立机房安全管理制度，指定专业管理人员，并定期维护机房配套设施，可以有效保护关键的硬件资源和敏感信息。对于资产管理，通过建立资产清单并根据资产价值采取相应的管理措施，企业能够针对性地保护重要资产，并规范信息的使用、传输和存储。

介质安全管理的重要性不容忽视，它涉及数据存储和传递的安全性。通过加强对各类存储介质的管理，企业能够有效地控制和保护关键信息。在软硬件及相关配套设施的维护管理上，定期的维护和对重要数据的加密处理能够降低设备故障和数据泄露的风险。

漏洞与风险管理以及安全管理制度的建立，定期进行安全测评、及时处理安全问题以及对补丁进行严格的安全评估，能够帮助企业及时发现并修复系统漏洞，防止潜在的安全威胁。

　　针对恶意代码的防范和管理机制的建立，以及对工业控制系统配置的严格管理，进一步提高了系统的安全性。定期扫描病毒和恶意软件，更新病毒库，以及对重大配置变更实施安全测试，这些措施共同保障了系统的稳定性和安全性。

　　备份与恢复管理则是确保企业在面临突发事件时能够迅速恢复运营的重要手段。定期的数据备份和制定详细的备份及恢复策略，可以在数据丢失或系统故障时，最大限度地减少业务中断的影响。

　　制定重要安全事件的应急预案，并对相关人员进行定期培训和应急演练，是提高企业应对突发安全事件能力的重要措施。通过这些预案和培训，企业能够在面临安全事件时，快速有效地做出反应，从而减少事件对企业运营的影响。

第 4 章 煤矿智能化技术在综掘
工作面的应用研究

综掘工作面施工方法主要包括钻爆法和综合机械化掘进法（综掘法）。综掘法在实际应用中表现出多种形式，其中悬臂式掘进机法作为最主要的施工方法，在国内外煤矿中得到了广泛应用。

综掘法主要分为两种方式，部分断面掘进法和全断面岩巷掘进机法。前者以悬臂式掘进机为主，后者则处于试验阶段。具体到施工方法的实际应用中，综合机械化掘进方式主要有四种：第一种是以悬臂式煤及半煤岩巷掘进机为主的综掘作业线，这在中国得到了广泛应用。第二种作业方式主要以连续采煤机和锚杆钻车配套的作业线，这种方式在中国的神东、陕煤化神南等矿区及鄂尔多斯地区得到推广应用，主要应用于煤巷掘进。第三种方式是主要采用掘锚联合机组的掘锚一体化掘进，这在某些矿区使用，主要应用在煤巷掘进。第四种方式是采用全断面掘进机掘进，主要应用于各种隧道工程，尤其是大断面长距离硬岩隧道掘进，煤矿全断面煤巷、岩巷掘进机正处于试验阶段。

在这些方法中，悬臂式掘进机法因其集成度高和适用性广而成为煤矿掘进技术的主流选择。这些综合机械化掘进方法的选择和应用，需根据矿井具体条件、岩石性质以及矿井的生产需求来决定。

4.1 综掘工作面施工流程与设备概述

4.1.1 悬臂式掘进机掘、支、锚连续平行作业一体化装备

悬臂式掘进机掘、支、锚连续平行作业一体化装备是为解决我国综掘工作面在掘进与支护时间比例失衡、支护工作量大和劳动强度高的问题而开发的一种高效掘进系统。该系统的核心在于实现掘进（掘）、支护（支）和锚固（锚）的平行作业，从而提高矿井巷道的掘进速度和效率。

在传统的矿井巷道掘进作业中，人工支护锚固作业的效率低下，尤其在较硬顶板支护时，劳动强度极高，锚杆支护时间占据了巷道掘进时间的大部分。为了解决这一问题，国内开发了集成了锚护和运输功能的新型悬臂式掘进机（双锚掘进机）和煤矿用锚杆转载机组（运锚机）。这些装备不仅减轻了人工支护的劳动强度，还通过掘、锚平行作业显著提升了进尺效率。该快速掘进系统主要由具备锚护功能的悬臂式掘进机、运锚机、桥式带式转载机和除尘系统等部分组成。双锚掘进机负责完成巷道的快速掘进、出料及部分顶锚杆或帮锚杆的支护工作。运锚机则负责物料的转运和滞后的帮顶锚杆或锚索的支护。桥式带式转载机和可伸缩带式输送机则用于完成物料的转运，而除尘系统则用于治理巷道的粉尘，创造健康的工作面作业环境。

系统的特点在于其高效的掘、锚、运平行作业能力，能够实现高水平的进尺效率。同时系统的集成除尘功能为作业人员提供了更健康的工作环境。其适应性强，能够适应广泛的巷道断面，且系统配套完善，作业效率高，从而在矿山快速掘进领域中展现出显著的优势。

这一系统的适用条件广泛，能够应用于各种地质条件下的半煤岩巷

或岩石巷道的快速掘进和支护。它适用于矩形、拱形、梯形、异形等多种巷道断面形式，尤其适用于宽度大于或等于 4.5 米、高度大于或等于 3 米的巷道。系统的技术参数见表 4-1。

表 4-1　主要应用技术参数

特征	参数
适应巷道宽度 /m	4.5 ～ 6.0
适应巷道高度 /m	3.0 ～ 5.0
输送带搭接行程 /m	20
系统总长 /m	30 ～ 50
截割功率 /kW	220、300
供电电压 /V	1140

悬臂式双锚掘进机设计中包括了两套液压锚杆钻机，分别安装于机身的两侧。它还配备了截割部上的临时支护装置，使其能够有效完成巷道的成形、截割、物料转运以及临时和永久性支护工作。这种双锚掘进机能够适应巷道围岩的不同情况和支护工艺的多样需求，实施全方位的锚杆和锚索支护，主要应用于半煤岩巷的快速掘进和支护。其技术特点见表 4-2。

表 4-2　悬臂式双锚掘进机主要技术特点

技术特点	描述
可实现掘进、锚护连续作业	采用掘锚施工新工艺，将 2 套锚杆钻机装置布置在掘进机机身两侧，实现掘进机和锚杆钻机的有效集成与快速连续作业，缩短掘进、锚护顺序作业时间，提高掘进进尺
可伸缩截割机构	截割部伸缩行程 500mm，能够扩大掘进机定位截割范围，减少截割时设备的经常性调动，提高截割效率
可伸缩扇形铲板	使用扇形伸缩型铲板后，铲板最大宽度增加，可有效清理掘进巷道片帮、浮煤，实现物料一次性装载转运；伸缩装置缩回时方便调动行走，提高装运效率
采用集成一体式液压油箱	整合了 2 套锚杆钻机装置，有效控制整机外形尺寸，考虑整机的平衡和稳定性能，解决空间不足问题

技术特点	描述
锚杆钻机采用遥控控制	锚杆钻机和钻臂动作全部采用遥控控制，操作简易，实现快速精确定位
临时支护装置	截割机构顶部增加临时支护装置，展开与收回操作简单，支护面积大，收回时占用空间小，对整机影响小，提高安全性

运锚机，即锚杆转载机组结合了锚杆支护和转载的功能，主要包括输送机、底盘、左右锚护装置、液压系统以及电气系统等关键部分。配备的机载锚杆钻机和广泛方位调整机构使其能够有效地进行顶板和侧帮锚杆的支护。运锚机主要在掘进工作面使用，其快速支护与连续运输的平行作业显著提升了巷道掘进的施工效率。目前该设备已发展出包括 2 臂、4 臂、5 臂在内的多种系列化机型。其技术特点见表 4-3。

表 4-3　锚杆转载机主要技术特点

技术特点	描述
集转运和钻锚功能于一体	整合了转运和钻锚功能，实现了效率和功能的优化
锚杆钻机适应性强	左右对称布置的锚杆钻机，通过伸缩套筒和钻架升降机构实现方位调整，适应大断面及多种形状的巷道，同时可对顶板和侧帮进行高效支护
电气系统采用 PLC 控制	电气系统以 PLC 为主控模块，具有起停控制、照明灯和语音报警器控制，以及完善的整机及回路保护功能

4.1.2 掘锚机高效快速掘进系统

随着自动化、信息化、新材料和先进制造等科学技术的发展，我国煤矿巷道掘进技术与装备进入了快速发展阶段，科研能力进一步提高，各项技术不断取得进步 [1]。掘锚机（连采机）（组）高效快速掘进系统包

---

[1]　崔建军 . 高瓦斯复杂地质条件煤矿智能化开采 [M]. 徐州：中国矿业大学出版社，2018：137.

括两种配套形式：一是单纯的掘锚机组高效快速掘进系统；二是掘锚机组与履带行走式给料破碎机、桥式带式转载机及可伸缩带式输送机相结合的系统。这两种形式都能够适应不同的地质条件，提供有效的掘进解决方案，本书主要介绍第一套配套形式。

在第一种配套形式中，掘锚机组高效快速掘进系统由掘锚机组、履带式转载破碎机、10 臂锚杆钻车、可弯曲带式转载机、迈步式自移机尾等组成，并集成了通风除尘、供电、控制通信等设备。该系统在适宜的巷道围岩条件下运行，其中掘锚机专注于掘进工作，而支护任务则由 10 臂锚杆钻车一次性集中完成，大大提高了作业效率。这一系统适用于中厚煤层、结构简单、平缓单斜构造的煤层，以及顶底板属于半坚硬岩石、无断层、顶板完整的地质条件。巷道断面需为矩形，宽度不小于 5.4 米，高度不小于 3.5 米。

技术特点方面，掘锚机组作为系统的核心，实现了巷道一次成形，掘进速度快。掘锚分离、平行作业，多排多臂同时锚护作业，实现了掘锚匹配同步。可弯曲带式输送机技术增强了巷道适应性，满足了系统开掘联巷、开切眼的需求。带式转载机具有较长的上下重叠搭接行程，能实现连续运输，增大辅运空间。自移机尾采用迈步式自移机构，实现了快速推进，减少了掘进辅助工时，减轻了工人劳动强度。系统还包括信息无线传输、远程操控，提高了作业安全性和环境质量。最后，统一的控制平台依托设备的高度自动化和系统的集中协调控制功能，减少了操作人员的需求，实现了掘、锚、运多个作业单元的联动。其系统参数见表4-4。

表 4-4　掘锚机高效快速掘进系统主要参数

特征	参数
适应巷道宽度 /m	5.4 ～ 6.0
适应巷道高度 /m	3.0 ～ 4.5
输送带搭接行程 /m	100（可调）
系统总长 /m	155

续表

特征	参数
系统总重 /t	420
总装机功率 /kW	1416

　　掘锚机组是一种多功能的巷道快速掘进设备，融合了截割、装载、运输、行走、锚钻、电气、液压和集尘等多种系统于一体。作为巷道快速掘进的核心设备，它具备集成落煤、运煤、履带行走和锚杆支护的综合能力。该设备特别采用全宽的可伸缩截割滚筒，实现巷道的一次性成形，从而确保了成巷速度和工程质量。掘锚机组装备了 6 台锚杆钻臂，能够在同一台设备上同步完成掘进和支护工艺，提升效率和安全性。其技术特点见表 4-5。

表 4-5　掘锚机组主要技术特点

技术特点	描述
截割、锚护同时作业	掘锚机截割时底盘静止，采用滑移式机架推进截割系统进行掏槽，同时临时支护装置支撑顶板，为锚护等作业提供稳固、安全的工作平台
巷道断面一次成形，效率高	截割系统采用可伸缩的横轴截割滚筒和采掘高度自动识别系统，通过滚筒伸缩和截割高度识别实现断面一次成形，提高巷道成形质量标准化
整机采用自动工况检测和故障诊断及显示技术	工作环境恶劣下的掘锚机工况检测和故障诊断系统，具有监控电流、电压、电机功率、油温、油位、油压等的自动监测、存储、显示、报警及故障提示功能
履带行走采用交流变频调速技术	采用 1140 V 交流变频调速技术，具有调速范围广、起动转矩大、过载能力强、功能保护全的优点

　　履带式转载破碎机是一种多功能矿用设备，结合了装载、破碎、输送、牵引等多种作用。它由装载部、破碎部、输送机、底盘、电气系统和液压系统等主要部分构成。该机器设计用于跟随掘锚机组移动，接收从掘锚机传来的煤流。通过其缓冲破碎机制，履带式转载破碎机将煤流经过处理后转运到后方的可弯曲带式转载机上。同时它还充当可弯曲带

式转载机的牵引头车，负责拖动后者进行移动。该设备配备有可伸缩铲板式装载部，能有效清理底板浮煤，并整合了滚筒式破碎机构，使破碎粒度可进行调整。其技术特点见表 4-6。

表 4-6　履带式转载破碎机主要技术特点

技术特点	描述
集破碎、转载、牵引等功能于一体	履带式转载破碎机将来自掘锚机截割下来的煤炭进行初级破碎，并均匀地转运至自适应带式转载机上，满足块度要求。通过牵引装置牵引可弯曲带式转载机行走，具有齿式破碎和双驱动输送系统，破碎和运输能力大。
装载部具有伸缩功能	装载部可伸缩，提高巷道适应性和装载能力。铲板前后滑移装煤，减少工作循环次数，高效清理底板浮煤，有效地减轻了工人的劳动强度，改善了巷道的工作环境。

10 臂锚杆钻车是一种综合性的锚杆支护设备，包含多个部件：顶锚钻臂、侧帮钻臂、锚钻除尘器、履带底盘、电气系统和液压系统。这款设备装备了 6 个顶板钻臂和 4 个侧帮钻臂，合计 10 个钻臂能够同时对顶板和侧帮进行全方位锚杆支护。其履带式底盘设计使得钻车能够跨骑在可弯曲带式转载机上移动，从而实现掘进、锚杆支护和运输的平行作业。10 臂锚杆钻车不仅是锚固作业的核心装备，还充当整个系统的集控中心，控制掘锚机组和履带式转载破碎机的操作。其技术特点见表 4-7。

表 4-7　10 臂锚杆钻车主要技术特点

技术特点	描述
全断面一次支护，支护效率高、质量优	整机集成 6 套顶锚钻架和 4 套侧错钻架，能够同时完成整个巷道的锚杆支护。采用一人多机操作布置，提高巷道支护效率和质量。配备液压负载反馈系统和独立的液压操作系统
锚钻采用干式除尘技术	采用干式机械除尘机构，多级串联的不同形式的除尘器实现高效除尘。减少井下环境污染和对底板的破坏，保证良好工作环境
创新的跨骑式底盘结构	整机跨骑于可弯曲带式转载机上，允许带式转载机在锚杆机底盘下自由通过，实现掘、锚、运平行作业

可弯曲带式转载机是一种灵活的物料运输设备，由装载部、卸料

部、柔性段、输送带和动力站等主要部分构成。其最大特点是能够在移动过程中实现弯曲运输，有效地适应系统变向掘进联巷和开切眼的需求。该设备的架体下方配备了胶轮油气悬挂装置，增强了其对底板的适应能力。输送带采用变频调速和多点驱动技术，最大运力可达 1600Vh，并且设备能够自动控制起动和张紧过程。其技术特点见表 4-8。

表 4-8　可弯曲带式转载机主要技术特点

技术特点	描述
可实现定点弯曲，跟随掘锚机转弯	相邻弯曲输送带架间采用关节轴承连接，可水平、垂直摆动一定幅度，使整机跟随掘锚机转弯，适应巷道底板起伏等复杂条件。配置胶轮油气悬挂行走装置，支持独立油气悬挂
多点驱动，自动张紧	采用变频电动滚筒多点驱动，具有自动张紧功能。自动张紧装置通过电气控制和压力传感器监测，根据不同工况对输送带进行自动张紧

迈步式自移机尾由稳定支撑部、机尾部、转载机导向部、刚性架、轨道、电气系统和液压系统等部分构成。它特别采用了马蒂尔式运动机构，能够快速实现可伸缩带式输送机的延伸。自身搭载的刚性架使其能够与弯曲带式转载机进行长距离的重叠搭接，同时也可兼作设备列车使用。通过采用自铺轨道技术，该设备在移动过程中的阻力降低，从而提升了移动效率。迈步式自移机尾还具备左右调偏功能，并能够通过遥控操作进行调整，极大地减轻了延伸输送带过程中的设备调动工作，从而降低人员劳动强度。其技术特点见表 4-9。

表 4-9　迈步式自移机尾主要技术特点

技术特点	描述
与可弯曲带式转载机快速搭接	采用"顶天立地"的迈步式自移机构，高效率移动。与可弯曲带式转载机长距离重叠搭接，搭接行程可达 150 m
刚性架可兼作设备列车	除尘系统、材料列车、移动变电站等设备可跨骑在刚性架上，随着刚性架同步前移，减轻劳动强度并节省时间
具有左右调偏功能	设计有两组调偏机构，防止迈步式自移机尾在推进过程中跑偏，通过举升和推移油缸实现迈步自移机尾左右摆动调偏

4.1.3 岩巷（硬岩）悬臂式掘进机、全断面煤巷与岩巷掘进机

近年来，我国在硬岩掘进机领域取得了显著的技术进步，成功地研究、设计和开发了一系列大功率硬岩掘进机。这些掘进机的研制成功不仅代表了掘进机技术的发展趋势，而且为煤矿岩巷的快速掘进提供了成熟的装备选项。其中，部分型号的智能化超重型岩巷掘进机具备高强度岩石截割能力，采用先进的截割转矩交流变频调速控制及动载荷识别技术，能够实现截割转速的自适应调节。通过基于视觉技术的掘进机位姿检测系统和稳定支撑机构，这些机型能够精准定位机身姿态。它们还开发了断面成形控制和状态监测系统，实现了巷道断面的自动成形。

在全断面煤巷掘进机方面，国内自主研发的机型体现了显著的技术特点，如巷道一次成形、掘支同步、连续作业等。这些机型集全断面连续切割技术、自动定位、无线遥控技术、快速装运、机载除尘、机载锚杆钻机、调车等多种功能于一体。

另一方面，全断面岩巷掘进机，包括斜井和井下两类，展现了我国在该领域的技术创新和自主研发能力。这些机型利用盘形滚刀破岩机理，结合水平梁敞开式 TBM 掘进机的特点与煤矿运输、防爆、支护等特殊施工要求，集成了掘进、出碴、支护、除尘、通风、导向、防爆等多项技术，是高度机械化、自动化的煤矿岩巷施工设备。

4.2　掘进设备智能化的技术路径

掘进机智能化技术将传统的掘进机功能结构部件与控制和监测部分升华到一个新的层次。这种智能化软件系统的核心在于赋予掘进机自适应性和自主性。它不仅使掘进机具备了开拓巷道的基本能力，还能根据具体的工作环境自动调节工作状态，并自主规划工作方式。

智能化掘进机的关键技术涵盖了多个方面，包括定位导向及姿态调整、截割轨迹规划、地质条件识别与自适应截割、状态监测与故障诊断，以及与配套设备的远程通信等。这些技术的集成，不仅提高了掘进机的作业效率和安全性，还增强了其应对复杂地质条件的能力，从而显著提升了矿山开采的智能化水平。

4.2.1 掘进机自动定位导航技术

掘进机的自动定位导航技术是掘进装备智能化的关键组成部分，它为高效、精准的矿山掘进作业提供了重要支持，包括多种不同的方法。

1. 基于全站仪的技术

基于全站仪的掘进机定位导航技术依靠掘进装备上的多个棱镜和全站仪进行空间定位。全站仪必须能自动识别和跟踪机身上的棱镜。这种技术的优点在于其测距和测角的高精度以及稳定性。然而，它对能见度和通视性有较高要求，且每个棱镜的检测需要时间，这限制了其应用于静态空间位姿检测。

2. 基于结构光激光指向仪的技术

这种技术采用结构光激光指向仪和两轴倾角仪，结合机身上的光敏元件和数据采集处理装置。它的优点在于结构简单，成本较低，但受能见度和通视性的限制较大，且不能检测机身相对巷道基准的高度差和距离。

3. 基于光测角仪的技术

光测角仪技术通过分析激光指向仪在屏幕上形成的光斑图像来计算机身的空间位置和姿态。这种技术同样要求较高的能见度和通视性，并且对设备的相对位置有特定要求。

4. 基于惯性导航的技术

惯性导航技术，尤其是基于陀螺仪的技术，已在国内外进行了一定的理论研究和实验应用。这种技术能够在掘进过程中提供连续的导航信息，适用于复杂地质条件下的掘进作业。

5. 基于机器视觉的技术

机器视觉技术是一种摄影测量技术，涉及激光指向仪、摄像机、图像处理系统和光靶。这种系统可以实时解算掘进机的空间位置和姿态，有助于精确地确定掘进机相对于巷道设计轴线的位置。这项技术需要考虑井下环境的复杂性和对图像的影响，并采用专门的图像处理算法。

每种技术都有其特定应用场景和局限性，比如基于全站仪的技术适用于静态空间位姿检测，而基于机器视觉的技术则能够实现动态的空间位姿检测。掘进机的自动定位导航技术在提高掘进效率、减少人员劳动强度以及提高掘进安全性方面起着关键作用。未来的掘进机定位导航系统将更加智能化和自动化，能够在更加复杂多变的矿山环境中发挥关键作用。

4.2.2 智能化工况检测及故障诊断技术

智能化工况检测及故障诊断技术在现代矿业中的应用日益增长，尤其在掘进机这种集机械、电气、液压于一体的大型煤矿设备中尤为重要，不仅提高了设备的运行效率，还极大地提升了工作环境的安全性。

掘进机在恶劣的矿井环境中工作，面临着诸多挑战，如煤尘、大振动、设备发热等。这些条件使得设备易出现故障，如减速器、悬臂端轴承与花键以及液压系统故障等。这些故障通常难以直接观察到，需通过精密的检测与诊断技术来发现和处理。现代掘进机配备了先进的电控系统，能够进行数据采集、处理显示、传输控制、健康监控及故障诊断。例如某些型号的掘锚机组电控系统具备完善的保护和监控装置，可通过微型电子计算机进行广泛的数据处理和故障查找。这些系统利用各种传感器信号，通过可编程逻辑控制器处理控制和显示各种运行工况，并在出现故障时及时响应。由于掘进机的工作空间狭小且环境恶劣，工况监测与故障诊断技术面临特殊挑战。当前，这些技术的发展在国内外有所差异。国内的掘进机工况监测大多停留在基础的监测和显示上，例如监控开停机状态、电流、电压等。而国外则已能实现更为高级的机电一体化功能，如推进方向和断面监控、电机功率自动调节、离机遥控操作等。

为了提高故障诊断的精确度和及时性，现代掘进机采用了多种技术手段。其中包括液压、润滑系统状态感知与采集装置、机械传动易损部件特征识别与故障诊断技术、状态信息融合与故障预测技术、综掘设备工况监测与故障诊断系统软件，以及综掘装备远程监测诊断中心。

液压、润滑系统的状态感知技术侧重于通过高可靠性的压力传感器和流量传感器来监测系统状态。机械传动易损部件的故障诊断技术则利用振动信号时域指标、频谱分析等手段来分析故障信号的特征。状态信息融合技术聚焦于从多个状态参数中挖掘变化规则，以建立故障推理专家系统。工况监测与故障诊断系统软件则提供了全面实时的监测、故障预警预报和维修指导功能。

综掘装备远程监测诊断中心的建立，使得网络环境下的计算机协同专家会诊和远程故障诊断服务成为可能。这些中心通过利用基于Internet的远程监测技术与网络信息共享技术，为设备管理提供了强大的支持。

4.2.3 智能化截割控制系统

智能化自适应截割技术通过优化掘进机截割机构的工作状态，使之与当前煤岩的硬度相匹配，从而有效减少累计截齿消耗，并提高截割效率。智能化自适应截割技术涉及动载荷识别、截割电机转速调节、转矩/功率调节以及负载压力反馈截割牵引调速控制等多个方面。

动载荷识别是智能化截割控制系统的核心。该系统根据动载荷识别装置提供的煤岩硬度识别结果，调节截割电机的转速，以确保截割头的切割线速度与当前煤岩硬度相匹配。这一过程需要综合考虑截割机构摆动牵引油缸的压力和截割头摆动牵引速度，以达到电机输出转矩（或输出功率）的最优匹配。

截割电机转速的调节是智能化截割控制的关键部分。通过分析大量的截割实验数据，可以针对不同硬度的煤岩确定相应的切割线速度。当动载荷识别装置确定当前煤岩的硬度后，控制系统将发出截割电机转速调节指令，变频电机随后将稳定运行在这一预设转速下。

接下来是截割电机转矩/功率的调节。这一过程取决于截割电机输入频率在基频以下或以上的情况。在低于基频的情况下，电机磁通保持不变，相同的电流对应相同的电磁转矩，称为恒转矩调速。相反，在高于基频的情况下，由于输入电压的饱和作用，磁通会随频率（转速）变化，此时应选择电机的输出功率作为调节参数。

负载压力反馈截割牵引调速控制技术利用截割电动机电流、转速等参数变化来直接且准确地反映负载变化。该技术结合电液比例控制，可实现截割机构牵引速度的自适应调节，优化液压功率的使用，减少能量损耗。掘进机外负载的变化导致截割电机电流、转速变化，这些变化通过相应的传感器、处理器、信号比较器和信号转换放大装置，通过比例阀作用于变量泵的流量调节机构，从而调节油缸的流量，实现截割机构牵引速度的自适应调节。

智能化自适应截割技术的应用不仅提高了截割效率，还显著降低了截割机构的磨损。通过准确匹配截割头的工作状态与煤岩的硬度，该技术显著优化了截割过程，减少了能量消耗，并提高了掘进机的整体性能。

4.2.4 掘进装备远程可视化监控技术

掘进装备远程可视化监控技术代表了矿业技术进步的一个重要方向，它整合了数据采集、视频监控、数据通信与远程集中控制等多个技术领域，形成了一个全面、高效的监控系统。这种技术的实施不仅提升了矿山掘进作业的安全性，还极大地提高了作业效率，为矿业作业的未来发展打开了新的可能性。

在掘进装备的远程可视化监控系统中，数据采集控制装置的安装是核心环节。这个装置负责收集掘进机的关键数据，如电气参数、环境条件和视频图像等。这些数据是监控系统运行的基础，确保了掘进作业的实时监控和数据的准确性。通过这些数据，操作人员可以获得关于掘进机的详尽信息，包括其工作状态和周围环境的实时情况。

视频监控则为掘进机的远程操作提供了视觉支持。通过安装在机身上的低照度、自清洁除尘摄像仪，操作人员可以直观地观察到掘进机的工作状态和周围环境，即使在恶劣的矿井条件下也能清晰地获取图像。这不仅有利于提高掘进机的操作效率，而且大大降低了操作过程中的安全风险。

数据通信与远程集中控制是实现远程监控的关键。这一系统使得掘进机的操作人员可以在远程监控站对掘进机进行有效控制。通过建立可靠的通信网络，掘进机的运行数据、姿态数据、定位数据等都可以实时传输到监控站，从而实现了对掘进作业的远程操控。

掘进装备的远程监控功能不仅局限于数据的采集和显示，它还包括了数据汇总、人机对话操作和远程管理等多个方面。通过对掘进机姿态、工况和视频的综合监控，操作人员可以实现对掘进机的远程可视化操控。同时，这一技术还能与掘进机的各配套子系统进行数据通信，以实现设备间的联动闭锁控制。

4.3　锚护装备的智能化改造

锚杆支护技术因其快速、安全和经济的特点，已成为巷道支护的先进技术和发展方向，在煤矿巷道支护领域得到了广泛应用。锚杆钻机作为实施这种支护方式的关键设备，不仅负责钻凿锚杆孔，还负责锚杆的安装和紧固，是煤矿开采和巷道掘进的重要配套设备。随着技术的发展，特别是在传感器、电气电子以及电液比例控制技术方面的进步，加之用户对锚杆支护安全性和效率要求的提升，全球范围内的采矿设备制造商开始研制自动化锚杆支护设备。目前，国际市场上已经推出了全自动单臂岩巷锚杆钻车，并在一些非煤矿山中得到了成功应用。

在国内，锚杆钻车的引进和研制始于 20 世纪 90 年代，最初由神东集团从海外引进。进入 21 世纪初，国内科研院所也开始设计和研究这一设备。现如今，国内已成功研发出 4 臂锚杆钻车，这些设备在多年的推广应用后，已完全能够替代进口产品，标志着国内锚杆支护技术的显著进步。

4.3.1 掘锚一体化技术

掘锚一体化技术是矿业领域的一项重要创新，旨在优化煤矿巷道的掘进和支护工作。传统的掘进工艺通常涉及独立的掘进和锚杆支护作业，存在诸如辅助作业时间长、人力资源占用多、效率低下、工作环境恶劣及工人劳动强度大等问题。掘锚一体化技术通过将掘进机与锚杆钻机系统集成，实现了掘进与支护的同步进行，从而显著提高了作业效率和安全性。

自 2007 年起，中国开始与国外制造商合作开发集成式掘锚系统。最初的尝试包括在掘进机上安装机载钻臂系统，实现现场的快速锚杆支护。

这些系统通常包含两部液压锚杆钻机，配备临时顶部支撑，通过在掘进机上安装伸缩梁和支撑架来调整钻臂位置，以适应不同的掘进工作面。

2008年，基于滑轨式机载锚杆钻机的研发进一步推进了掘锚一体化技术。这些机器能够更精确地对准锚眼，提高锚杆打设的效率和准确性。2012年，国内科研院所和煤矿企业合作，开发了更为先进的EBZ300M型岩巷掘进机，这是一种适用于拱形巷道的机载液压锚杆钻臂系统。该系统的特点在于其简单实用性、高效安全性，避免了先前方案中存在的问题。

这项技术的关键在于在综掘巷道进行掘锚作业时，采用分步执行的策略，即掘进机完成一个循环后，使用机载钻臂系统打设部分顶锚杆，随后进行下一循环。剩余的锚杆和锚索由随后的运锚机完成。这种工艺的优点在于，它不仅提高了掘进机的开机率和掘进效率，还减少了生产人员，减轻了工人的劳动强度，并改善了井下作业环境。

与此同时，配套的料斗式2臂运锚机进一步提升了掘锚一体化系统的效率。这种机器设计用于在掘进机后进行锚杆打设和物料转运工作，配备两台液压锚杆机，适用于14至20平方米断面的锚护作业。

4.3.2 巷道修复技术

在矿业领域，随着开采深度的加深，巷道结构的稳定性面临严峻挑战，变形严重的巷道不仅影响正常的通风和运输，还可能威胁到矿工的安全。传统的巷道修复方法，如手动风镐破碎、气动锚杆机支护、手工装载等，虽然在早期有一定的效用，但在效率和安全性上已不能满足现代矿业的需求。

为解决这一问题，矿业界开始研发和应用多功能巷道修复机。这种新型机械设备采用了一系列创新设计，能够集履带行走、破碎扩巷、挖掘装载、转载运输及锚护等功能于一体。与传统方法相比，这种机械化作业显著提高了巷道修复的效率和安全性。

巷道修复机的设计考虑到了复杂多变的修复环境。例如其工作机构的设计能够快速适应不同的作业需求，如破碎锤和反铲挖斗的快速更换，为破碎和清理变形巷道提供了便利。考虑到巷道修复工作的特殊性，机器采用了三节臂结构，增加了作业范围，提高了破碎和挖掘效率。

在锚杆支护方面，巷道修复机同样显示出其优势。其装备的伸缩式机载液压锚杆机能够及时对新修复的巷道进行稳固，保障了作业过程中的安全性。这种锚杆机适用于不同形状的巷道，能够有效地完成全断面的支护工作。

通过这种集成化的设计，巷道修复机实现了高效的修复作业。这不仅降低了人工作业的比例，降低了作业风险，还显著提升了作业效率。随着技术的进一步发展，这种机器的设计和功能预计将变得更加高效和智能化，进一步提升矿业领域的安全性和生产效率。这些技术进步对于应对深部矿井中的挑战，保障矿工安全以及提升矿山的整体经济效益具有重要意义。

4.3.3 顶板临时支护技术

顶板临时支护技术在维护矿工安全、保证掘进效率方面发挥着至关重要的作用。随着矿业的发展，尤其是在掘进机械化和产量快速提升的背景下，对于顶板临时支护技术的需求和要求也在不断增加。现有的支护方式虽然在一定程度上有效，但在支护能力、支护速度和自动化程度等方面仍存在局限，尤其是在大断面巷道的情况下。

在国外，煤矿井下掘进工作面巷道支护多采用多排单体液压支柱加工字钢棚梁的方式，而国内的主流临时支护形式包括吊挂环穿管式前探梁、掘进机机载临时支护装置和多排单体液压支柱等。这些方法虽能在一定程度上缓解掘进工作面的迎头支护压力，但仍然面临诸多挑战。

随着掘进巷道断面尺寸的扩大和掘进机功率的增加，传统的临时支护方式在多个方面已不足以满足要求。为此，更为先进的临时支护方式被提出，它们通过综合理论计算、工程类比和数值模拟的方法，分析支护系统与围岩的相互作用关系，从而精确掌握掘进工作面的矿压显现规律。在这基础上，可以确定更合理的支护强度和范围，以及适应不同地质条件的快速临时支护装备。

临时支护装备的发展趋势是向着自动化和高效率方向发展。其中，机载锚固钻机系统的应用为实现快速临时支护提供了可能。这种系统将锚固钻机配置于临时支护设备上，使得掘进与支护能够连续、平行地进行，大大缩短了支护时间，提高了掘进与支护的速度。这不仅降低了工人的劳动强度，而且提升了整体的作业安全性。

未来的顶板临时支护技术将更加注重装备的智能化和灵活性，以适应复杂多变的地质环境和高效率的掘进要求。这包括使用高强度、轻质材料制造支护装备，提升装备的移动性和适应性；开发更智能的传感和控制系统，以实时监测围岩状态，动态调整支护策略；以及集成高级数据分析和机器学习算法，实现更精确的风险评估和支护规划。

4.3.4 智能锚杆钻机自动钻锚技术

锚杆钻机自动钻锚技术是随着煤矿巷道掘进工艺的进步和矿业安全要求的提升而发展起来的关键技术，包括提高作业效率、降低人工劳动强度以及提升作业安全性等。

在现有的车载锚杆钻机中，虽然钻孔和紧固动作已部分实现自动化，但锚杆的拆卸、装载以及其他一些关键工序仍然需要人工操作。这不仅导致操作人员的体力消耗大，而且在有害尘埃和潜在的空顶区域工作，增加了安全风险。智能锚护技术的引入旨在克服这些缺点，通过实现锚杆作业工序的自动化和智能化，大幅提高了操作人员的安全性和作业效率。

智能锚杆钻架的机械系统设计精密、功能多样，可以自动对中、自动上锚杆、钻箱和锚箱的自动切换等。这种系统的引入显著提高了作业的灵活性和效率。回转式锚杆仓能够存储大量锚杆，并通过智能系统的协调工作，保证钻孔、上锚杆、紧固锚杆等工序的全自动化。

智能锚杆钻架的嵌入式控制系统和可视化控制站则为这项技术带来了新的维度。使用扩展性强、结构紧凑的嵌入式控制器作为主控制器，配合多种功能模块和优化的程序设计，实现了总体功能要求。这种系统能够通过现场总线传递信号，进行精准的电液控制，实现智能锚护、健康诊断、设备状态自检等关键功能。

可视化控制站作为智能锚杆钻架系统的人机交互接口，通过现场总线控制一个或多个模块，不仅执行操作人员的指令，还能实时动态反馈系统状态。这增加了系统的透明度和可靠性，使得操作人员能够更加精确地控制整个作业过程。

4.4　综掘工作面配套设备智能化

综掘工作面的配套设备智能化技术旨在实现巷道掘进过程中各设备和系统的高效协调运作，以最大化生产效率。这一技术涵盖了掘进机及其配套设备的智能化集成，包括截割、煤炭运输、材料运输辅助、巷道支护、通风除尘以及故障诊断等关键环节。

在巷道掘进配套系统中，主要设备包括掘进机、转载机、带式输送机、支架、锚杆机、激光指向仪、瓦斯断电仪、通风机、除尘器、辅助运输设备及供电设备等。这些设备的智能化整合形成了一个基于机械化操作的高效率、互相协调、自动化生产的掘进系统。通过智能化技术的应用，可以确保掘进机与其他设备的功能互不影响，同时提升整个掘进过程的效率和安全性。

智能化技术的应用不仅提高了掘进工作的自动化水平，通过精确的控制和监测，还进一步增强了设备的可靠性和稳定性，通过实时监测和调整掘进机的工作状态，优化通风和除尘系统的运行，以及提升故障诊断的效率，可以确保整个掘进工作面的高效、安全运行。

4.4.1 转载运输技术

根据不同的运输设备配置，掘进作业线的类型多样，每种类型均有其特定的应用场景和效益。在选择适合的转载运输技术时，必须考虑到矿井的具体地质条件、工程条件和运输系统的自动化程度。

掘进作业线通常分为五种基本类型。首先，掘进机、桥式带式转载机和可伸缩带式输送机组成的作业线，以及掘进机、桥式带式转载机和刮板输送机组成的作业线，这两种类型主要适用于连续运输。带式输送机能够提供较大的运输能力和高生产效率，而刮板输送机则更适合于坡度变化大、长度较短的巷道条件。

第三种类型是掘进机、运锚机、桥式带式转载机和可伸缩带式输送机组成的作业线，其中运锚机在截割过程中不仅能实现物料转运，还能进行锚杆打设，这增加了作业线的多功能性和灵活性。

第四种和第五种作业线属于间断装载类型，分别由掘进机与梭车以及掘进机、吊挂式带式输送机和矿车组成。梭车与采掘机的配合使用适用于小型矿井或在输送机运煤系统未建成的情况下。矿车则在一些特定条件下使用，如空间受限或特殊地质环境。

在实际应用中，最常见和效果较好的是前两种作业线。这两种作业线不仅提高了运输效率，也增强了作业的安全性和可靠性。然而，选择合适的巷道配套运输方式时，需要综合考虑矿井的具体条件。这包括地质结构、掘进机械的类型和性能，以及运输系统的自动化水平。正确的选择可以有效提高生产效率，减少运输过程中的安全风险。

4.4.2 综合除尘技术

综合除尘技术在矿井掘进工作面的应用旨在减少粉尘产生，改善工作环境，保护矿工健康，并提高工作效率。目前我国掘进工作面的除尘技术主要包括喷雾除尘、湿式除尘和干式除尘，其中湿式和干式除尘技术因其高效性而受到重视。

机载湿式除尘器是与掘进机高度集成的系统，它不改变掘进机的外形尺寸，而提供高效的降尘能力。这种除尘器的设计考虑了易于操作和维护的需求，同时确保高除尘效率和较低的能耗。

湿式除尘器，如 HCN 型湿式除尘器，能有效处理较大风量的含尘空气，适用于较大规模的矿井作业。这类除尘器设计紧凑，可直接安装在转载机上，与掘进机一起移动。除尘效率极高，对 10μm 粉尘的去除率达到 99.4%，极大提高了工作环境的空气质量。

干式除尘器，如 HBKO 型，代表了除尘技术的最新发展。它的除尘效率高达 99.997%，适用于粉尘浓度高、硅含量高的环境。干式除尘器的主要优势在于高效的粉尘捕集能力，特别是对于 5μm 以下的呼吸性粉尘，同时避免了水造成的二次污染。

干式除尘器的另一大优势是便于粉尘的回收处理。由于其不使用水，因此在矿井等封闭环境中更为适用。在神东公司哈拉沟煤矿的应用表明，干式除尘器不仅提高了工作面的空气质量，而且在高粉尘浓度的条件下，其效果优于传统的湿式除尘系统。

为进一步提高除尘效率，采用了气流的附壁效应和气幕控尘原理。这种系统在掘进机供风筒处设置控尘装置，例如附壁风筒。在掘进作业时，通过改变风流方向，形成沿巷道旋转的风流，建立在掘进机司机前方的空气屏幕，有效控制粉尘扩散。这种混合通风除尘方式，即在掘进作业点采用长距离送风和短距离抽风的方法，提高了除尘效率和工作环境的质量。

4.4.3 超前探测技术

为了适应不断提高的掘进速度和安全要求，煤矿井下巷道掘进过程中采用的钻探设备经历了多种模式的演变，以满足不同的作业需求和条件。

传统的掘进作业中，独立的大功率钻机系统和掘进机交替作业是常见的模式，但这种方法在空间狭窄的矿井环境中操作不便。使用小型手持凿岩钻机虽然在某些程度上提供了灵活性，但它们的钻探距离有限，无法满足超前探测的需求，且会造成噪音和粉尘污染。

近年来，随着掘进机械化水平的提升，集成式勘探钻机越来越受到青睐。这类钻机直接集成在掘进机截割机构两侧，提供了更加紧凑和高效的探测方案。这种集成式勘探钻机优化了机械结构设计，使得钻探工作更为高效和安全。集成式勘探钻机的主要技术特点包括其与掘进机的高度集成，这不仅提高了勘探效率，还确保了掘进机的正常工作性能不受影响。这种钻机采用了滑轨式驱动装置，保证了平稳的前移和后退，提高了工作可靠性和稳定性。全液压驱动系统提高了整个系统的工作效率和可靠性，使得钻探工序更为顺畅。

全液压动力头式勘探钻机适用于多种钻进工艺，具有良好的适应能力。它能够进行地质勘探孔、瓦斯抽放孔、探放水孔等多种施工作业。该钻机的设计考虑了操作的简便性和工人的劳动强度，提高了工作效率和安全性。

随着技术的不断发展和改进，未来的超前探测技术将更加注重自动化和智能化，以进一步提高掘进作业的安全性和效率。集成式勘探钻机的设计将继续优化，以适应更为复杂和多变的地质条件，为煤矿掘进作业提供更加高效和安全的解决方案。

第5章　煤矿智能化技术在综采工作面的应用研究

5.1　综采工作面智能化的现状与挑战

  智能化综采工作面技术在全球范围内正逐渐成为煤炭开采领域的发展趋势。在国外，特别是澳大利亚和美国，此类技术的发展和应用已经取得显著成效。澳大利亚综采长壁工作面自动控制委员会（LASC）通过高精度光纤陀螺仪和定制的定位导航算法，在采煤机三维精确定位、工作面矫直系统和工作面水平控制方面实现了突破，这些技术的应用显著提高了矿井的产量和安全水平。而美国久益公司推出的智能开采服务中心（IMSC）则实现了煤矿设备运行的实时监控，提供运行分析报告，以优化矿井运行管理和设备检修策略。这些创新技术的引入不仅提升了生产效率，也为矿井安全管理提供了强有力的支持。

  在国内，随着"十二五"计划的实施，中国在自动化和智能化综采技术上取得了重大进展。中国成功研发了具有自主知识产权的综采成套自动化控制系统，尤其在 0.6 至 1.3 米复杂薄煤层的自动化综采技术领域取得了显著成就。这些技术包括基于滚筒采煤机的薄煤层无人自动化开采模式、生产方法，以及自动化控制系统、超大伸缩比薄煤层液压支架等关键技术的创新。中国还在 1.4 至 2.2 米较薄中厚煤层无人开采、7

米超大采高综采技术、8.2 米厚煤层一次采全高技术等领域实现了技术突破。

　　这些技术的应用不仅解决了设备小尺寸、大功率和自动跟机移架及斜切进刀割三角煤等自动化采煤工艺难题，还实现了工作面"三机"（采煤机、刮板输送机、液压支架）的协调联动控制和可视化远程干预控制。这种"以工作面自动控制为主，监控中心远程干预为辅"的模式有效地推动了采煤技术的革新。这一模式的核心在于实现了采煤机的记忆截割，液压支架根据采煤机的动作自动跟机作业，同时运输设备进行自动化联动控制，同时允许人工通过可视化远程干预进行控制。

　　国内外的这些进展共同体现了智能化综采工作面技术的三个主要发展方向：自动化、安全性和效率提升。首先自动化的实现降低了人员在危险区域的必要性，从而提升了整体的工作安全性。其次，通过精确的设备控制和实时监控，这些技术显著提高了采煤效率和产量。最后，通过集成的控制系统和先进的数据分析技术，矿井运行管理和设备维护策略得到优化，进一步提高了采煤作业的经济效益。

　　尽管中国在智能化综采工作面技术方面取得了显著进步，但与国外先进水平相比仍存在一定差距。例如，国外在采煤机的精确定位和控制、工作面矫直系统等方面的技术更为成熟，这些技术能够更有效地提高矿井的安全性和产量。因此，中国在继续发展自主技术的同时，还需要关注国外的先进技术和经验，以加速自身智能化综采技术的发展。

5.2　采煤机智能化技术的发展

5.2.1 采煤机状态感知技术

1. 采煤机定位定姿技术

采煤机定位定姿技术的主要目的是在复杂的地下环境中精确控制采煤机的位置和姿态，确保采煤机沿着预定的路径高效、安全地进行作业。

采煤机定位定姿技术的发展经历了从初步的手动控制到现代高度自动化和智能化的过程。在这一过程中，采用了多种定位原理和技术，包括红外线定位、无线传感网定位、里程计定位、激光定位、超声波定位和惯性导航定位等。每种技术都有其独特的优势和适用场景。

红外线定位技术依靠红外线发射器和接收器来确定采煤机的位置。这种方法简单易行，但受限于红外线传输距离和环境干扰。无线传感网定位通过布置在矿井内的无线传感器网络来监测和传输采煤机的位置信息，这种方式能覆盖更广的区域，但信号的稳定性和准确性会受到环境因素的影响。

里程计定位依赖于采煤机行走系统的转动里程计数来估算其行走距离和方向。这种方法的精确度受限于里程计的精度和采煤机行走轨道的平直度。激光定位则利用激光器发射的光束和反射信号来测量距离，适用于直线距离较短的场景。超声波定位技术利用超声波信号的传播时间来计算距离，适用于空间较狭小的场合。而惯性导航定位则是通过检测采煤机的加速度和旋转角度来估计其位置和姿态的变化，这种方法在无GPS 信号的地下矿井环境中非常有用。

基于 GIS 的采煤机定位定姿系统能够将采煤机的实时位置与工作面煤层数据库进行匹配，确保采煤机在煤层中的正确位置，并优化其截割路径。这种系统通常采用与煤层数据库相同的坐标系，即"东北天"坐标系，这样可以更容易地集成和分析数据，实现更精确的控制。

2. 煤岩界面自动识别技术

煤岩界面自动识别技术通过分析和处理煤层与岩层的不同物理特性建立有效的识别机制自动区分煤层和岩层，采煤机可以根据这些识别信息自动调整其切割部件的高度，以确保有效地采掘煤炭而避免误割岩石，这不仅提升了采煤效率，还显著增强了采煤过程的安全性和煤炭质量。

根据采煤机与被采煤岩界面的相互作用方式，煤岩界面自动识别技术可以分为非接触式和接触式两大类。非接触式技术主要包括机器视觉技术、地下雷达探测技术、声波探测技术和伽马射线探测技术等。这些技术通过分析煤层和岩石的光学特性、电磁属性、声波反射特性或放射性特性，从而实现对煤岩界面的准确识别。这类技术具有无须物理接触、响应速度快和识别精度高的特点。

而接触式煤岩界面自动识别技术，则主要依赖于振动探测技术、声压探测技术、扭矩探测技术和温度检测技术等。这些技术通过监测采煤机在采掘过程中产生的物理变化（如振动频率、声压级、切割扭矩和煤岩温度等），来判断切割头是否接触到了岩层。这类技术的优势在于能够提供与煤岩物理接触直接相关的精确信息，有助于采煤机在复杂地质条件下更精准地适应煤层变化。

（1）非接触式煤岩界面自动识别技术。目前主流的非接触式煤岩界面自动识别技术见表 5-1。

表5-1　非接触式煤岩界面自动识别技术

技术种类	特点	关键实现技术	优点	局限性
机器视觉技术	利用光源改善光照条件，工业相机获取图像	图像增强、特征选择和提取、图像识别算法	刀具不易损坏、设备振动小	识别精度易受环境影响
探地雷达探测技术	无损探测地下目标	雷达技术、反馈波形分析技术	探测速度快、操作方便灵活、探测费用低、探测过程连续、分辨率高	识别精度易受天线放大器溢出、数据解释不准确等影响；计算复杂，存在时间域问题
声波探测技术	声波在煤层与岩层中传播特性不同	声波仪采集声波回波能量参数	适用范围广、抗干扰能力强、识别精度高	识别系统不够成熟
伽马射线探测技术	利用射线传感器提取射线强度信号	射线发射技术、信号探测与分析技术	适用于高瓦斯矿区、扩大适用范围、自然辐射无须额外放射源、射线探测范围较大，顶煤厚度可控制在500 mm内	顶底板必须含有放射性元素，精确度易受矸石影响，回采率低

机器视觉技术通过光源改善光照条件，利用工业相机获取煤岩图像，然后应用各类特征提取方法和识别算法对煤岩界面进行识别。这种技术的关键在于图像增强、特征选择和提取技术以及图像识别算法的精确性和可靠性。尽管机器视觉技术在操作上较为简单，但其识别精度易受作业环境的影响。

探地雷达探测技术是一种快速、连续且具有高分辨率的无损探测技术，已广泛应用于煤矿探测领域。然而这项技术的局限性在于其识别精度易受天线放大器溢出和数据解释方法的不准确等因素的影响，且计算过程复杂，存在时间域问题，从而影响识别速度。

声波探测技术利用声波在煤层与岩层中的不同传播特性进行识别。这种技术适用范围广，具有较强的抗干扰能力和高识别精度，但由于识别系统尚未成熟，其应用还存在一定的局限性。

伽马射线探测技术通过射线传感器提取射线强度信号来推测煤层厚度。这项技术的优点包括适用于高瓦斯矿区、扩大适用范围、自然辐射无须提供放射源。然而，它的局限性在于要求顶底板必须含有放射性元素，精确度易受矸石影响，且需要留有一定厚度的顶煤，从而影响回采率。

（2）接触式煤岩界面自动识别技术。较为常见的接触式煤岩界面自动识别技术见表5-2。

表5-2　接触式煤岩界面自动识别技术

类型	技术描述	优点	局限性
振动探测技术	采用振动传感器采集截割煤岩时的振动信号识别煤岩界面	可避免光照、粉尘对识别精度的影响	识别精度易受机械振动影响，对复杂煤层处理困难，反应有迟滞性
声压探测技术	使用声压传感器提取采煤机截割煤岩时的声压信号，通过计算机处理数据识别煤岩界面	成本低，精度高	获得数据速度慢，对噪声处理不够成熟
扭矩探测技术	利用主成分分析法提取扭矩信号的参数通过BP神经网络实现识别	噪声消除和数据降维，减少运行时间	精度容易出现偏差
温度检测技术	通过红外测温仪提取采煤机截割煤岩后煤壁温度数据识别煤岩界面	原理简单，反应速度快，可穿透粉尘，温度检测精度高	易受喷水除尘等干扰因素影响

振动探测技术主要基于采煤机截割煤层和岩层时振动特征的差异，通过装置在滚筒上的传感器来采集振动信号。这种技术有效避免了光照和粉尘对识别精度的影响，但其识别精度易受采煤机自身抖动等机械振动影响。同时，该技术在处理复杂煤层时面临挑战，且传感器的抗干扰能力有限。

声压探测技术则依赖于采集采煤机截割煤岩时产生的声压信号。尽管这种技术在理论上可行，但其数据处理速度较慢，且对周围环境噪声的处理不够成熟，影响其实际应用效果。

扭矩探测技术利用的是煤岩不同坚固性系数下，截割时产生的扭矩信号的差异。该技术通过主成分分析法提取关键参数，配合 BP 神经网络实现更精确的识别。它在降低运行时间和噪声消除方面表现出色，但在实际应用中可能仍需面临复杂煤层的挑战。

温度检测技术则基于采煤机截割不同材质时产生的温差。这种技术以其简单的原理和快速反应著称，能有效穿透粉尘，且具有较高的温度检测精度。然而，它容易受到作业环境中的干扰因素影响，如喷水除尘。

综合考量，接触式煤岩界面自动识别技术的选择应基于具体的采矿环境和需求。虽然这些技术各有优势，但同时也都存在一定的局限性，因此在采用这些技术时应结合实际工况进行综合评估，以确保其有效性和实用性

3. 采煤机故障诊断技术

在采煤机的实际运行中，由于各种不可预测因素的存在，如恶劣的工作环境、重负荷工作状态以及长时间的连续作业，故障发生的概率相对较高。这些故障不仅种类繁多，而且往往呈现出不确定和随机的特性，给矿业生产带来了不小的挑战。

在现有的采煤机故障诊断技术中，传统的基于经验的故障感知方法是最为常见的一种。该方法的核心是依据采煤机的系统构造和发生故障的明显部位，通过对相关元器件和系统的详细排查，逐步定位并诊断出故障原因。这种方法的优势在于能够依靠历史故障经验迅速定位相同故障现象，但在面对复杂系统或多种故障类型时，这种方法往往效率低下，诊断记录繁杂。

另一种常见的故障诊断方法是温度和压力的在线监测。通过在采煤机的关键部位如轴承和齿轮传动箱等位置安装温度和压力传感器，可

以实时监控这些部位的温度和压力变化。如果截割滚筒的内轴承出现损坏并导致摩擦增大，滚筒的温度会急剧上升，这时通过温度传感器就可以及时发现并定位故障。这种方法能够快速直观地反映采煤机的工作状况，及时预测和发现故障。然而，它对电气系统的故障诊断能力有限，同时对传感器的设计和安装要求较高。

近年来，采煤机故障诊断专家系统的应用逐渐增多。这种系统集成了领域专家的经验和专业知识，能够模拟专家的思维过程，对复杂和隐蔽的故障进行深入分析和解决。专家系统的优势在于能够综合利用丰富的专业知识，通过模拟专家的诊断过程来得出可靠的诊断结果。这种系统尤其适用于复杂的故障诊断，可以显著提高故障诊断的准确性和效率。

5.2.2 采煤机智能截割技术

采煤机的自动化工作流程得益于专门开发的模块，这些模块能够使采煤机根据预设的记忆模式进行截割。自动化不仅局限于工作面巷道，还会通过综采工作面的通信网络系统扩展到地面的远程监控。在整个过程中，工作面巷道的集控中心不仅实现了采煤机的远程监控，还协调了采煤机、液压支架和刮板输送机之间的集中监控和协同作业。

为了确保远程监控的准确性和可靠性，系统通过采集采煤机的各种工况参数，结合二次传感和数据融合技术，精确判断采煤机的工作状态。这种技术的应用不仅提升了采煤机的作业效率，还增强了对整个采煤过程的控制能力，从而有效提高了采煤作业的安全性和可靠性。

1. 采煤机记忆截割技术

采煤机的记忆截割技术涵盖了路径记忆、数据处理、自适应调高和人工修正等阶段。在这个过程中采煤机不仅记录并处理截割参数，而且能够基于这些数据自动行走和截割。这一技术尤其显著的优势在于其能够自适应地调整截割滚筒的高度，以适应煤层地质条件的变化。在地质条件发生剧烈变化，超出机器自适应能力的情况下，操作人员可以远程介入，对采煤机的运动轨迹进行调整和修正。

采煤机记忆截割过程的初始步骤涉及操作人员对机器进行第一次截割，并且机器记录下这一过程中的行走路线和截割参数。随后，采煤机依据这些记忆数据进行自动截割。在此过程中，记忆位置分为常规点和关键点。采煤机每隔 0.2 到 1.0 米记录一次传感器数据，形成常规点，而关键点则是在关键时刻，如遇到岩石时，操作人员所采取的升高或降低截割滚筒高度的操作位置。

由于记录的关键点是离散的，必须将其处理为连续曲线以便引导采煤机行走，所以对采煤机的记忆路径进行拟合是非常重要的，并且这些路径需要能够根据实际运行情况进行修正。从自动控制系统的角度来看，截割路径规划是一个涉及变频牵引、液压调高、行走姿态控制以及负载截割等多个单元的复杂非线性系统控制问题。这要求系统综合考虑牵引单元、液压调高机构、行走姿态和截割负载等因素对截割路径规划的综合影响。

2. 采煤机自适应调高控制技术

自动调高截割滚筒技术在采煤机自动化中起着非常重要的作用，它直接影响到采煤机对煤层顶板起伏变化的适应能力。为了提升这一技术的准确性和效率，国内外学者广泛采用了小波神经网络、自适应 PD 控制和模糊控制等先进技术。

实现自动调高截割滚筒的关键在于准确判断煤层顶板厚度并识别煤岩界面。学者们为此开展了大量研究，尝试了多种方法。他们用人工和自然伽马射线来测量顶板煤层厚度，同时采用应力截齿分析、振动测试和雷达测试等技术进行煤岩界面识别。然而，由于煤矿环境复杂且缺乏可靠的传感器，这两个测量领域一直是技术难题。

鉴于这些挑战，目前的技术趋势是使用具有记忆切割功能的采煤机。这种方法通过记忆过去的截割路径和参数，克服了直接测量顶板煤层厚度和识别煤岩界面的困难。采煤机利用这些数据，在随后的截割过程中自动调整滚筒的高度以适应煤层的变化，从而提高了采煤效率和操作安全性。

3. 采煤机自适应牵引控制技术

采煤机的自适应牵引控制技术的核心在于使采煤机能够根据截割环境的变化、截割阻力的增减或截割状态的改变，自动调节其牵引速度。这样的调整不仅保证了采煤机工作的稳定性，而且确保了滚筒有充足的时间和空间进行高度调整，从而优化了截割条件适应性。

实现这一目标的关键技术是基于粒子群算法与 T-S 云推理网络的自适应牵引控制技术。该技术通过综合考虑采煤机左右牵引电流、左右截割电流、刮板输送机头尾电流以及采煤机运行状态等多个参数，来评估采煤机调速的效果。基于这些参数，粒子群算法与 T-S 云推理网络共同作用，计算出最佳的牵引速度，实现对采煤机行为的精确控制。

采煤机自适应牵引控制的实施，显著提升了采煤机对复杂矿层变化的适应能力。在采煤过程中，当遇到硬度变化、结构不均匀或是断层等不利条件时，采煤机能够即时调整其牵引速度和截割滚筒的位置，确保截割效率和质量。这种智能化的控制方式大大减轻了操作员的工作强度，同时增强了采煤作业的安全性和可靠性。

自适应牵引控制技术在节能减排方面也起到了积极作用。通过优化牵引速度，可以有效减少能源消耗和机械磨损，延长采煤机的使用寿命，降低维护成本。综合来看，采煤机的自适应牵引控制技术不仅提高了采煤的效率和安全性，同时也促进了绿色采矿的发展。智能技术的应用能够实现对采煤过程的精准管理，从而最大限度地降低对环境的影响，有效地平衡了生产效率和环保要求，为可持续发展的矿业生产提供了重要支持。

4. 采煤机自动纠偏技术

采煤机自动纠偏技术主要通过对采煤机截割轨迹进行精确规划和调整，以适应复杂地质构造，如断层和褶曲等，从而保证采煤效率和安全性。这一技术的实现涉及数学模型的建立、数据插值算法的应用以及坐标变换算法的使用，确保了采煤机在复杂煤层中的高效和准确作业。

技术的实施应当以建立局部地理坐标系下采煤机截割轨迹的数学模型为基础，这个模型描述了采煤机在特定工作面煤层中的运行轨迹，同时还需要建立复杂地质构造，如断层和褶曲的数学描述模型。这两个模型是采煤机自动纠偏技术的基础，它们为采煤机的路径规划提供了精确的数据支持。

接下来，使用三次样条插值算法，技术可以得到褶曲顶底板煤岩界面曲线。这些曲线为采煤机的截割路径提供参考，进而利用循环坐标变换算法对采煤机的截割路径进行规划。这一步骤可以准确计算采煤机每一刀卧底量的调整量和俯仰采角度，确保采煤机在复杂地质条件下的有效作业。

另外采煤机自动纠偏技术还将断层地质构造的特征参数作为输入量。这些参数精确表示断层带的整体构造，并以实现最大回采率和最少割岩量为目标。在此基础上综合考虑设备的通过能力、前后两刀截割的连续性等约束条件，对采煤机截割轨迹进行规划。

5.2.3 采煤机远程可视化监控技术

1. 采煤机远程控制系统

采煤机的远程控制系统能够远程监测采煤机的工作状态，确保设备运行在最佳条件下。系统还可以远程控制采煤机的行走和截割电机，包括启动和停止这些关键操作。为了提高作业精度和效率，采煤机的参数化控制功能允许细致地调整设备设置。

采煤机截割路径的规划确保了采煤作业的准确性和高效性，系统还整合了来自各种传感器的信息，提供了全面的数据视图，以便于更好地决策和控制。最后，本地和远程控制器之间的同步互锁功能进一步保证了操作的安全性，确保所有控制单元在任何时刻都能够相互协调工作。

机载控制器负责从传感器收集数据，这些数据涵盖了采煤机的各种工作状态和环境条件。传感器的信息可能包括机器的位置、运动速度、截割装置的状态等。机载控制器还响应来自本地操作员的信号，并执行逻辑控制单元的命令。这意味着它可以根据实时数据和预设程序来调整采煤机的行为，以应对不同的作业条件和潜在的危险情况。

工作面通信网络平台连接了采煤机的机载控制器、工作面巷道集控中心以及远程地面调度中心，采煤机的实时工作数据被上传到工作面巷道集控中心，而来自控制中心的指令则被传送至机载控制器。这种双向通信确保了操作人员即使在地面或远离工作面的位置也能精确控制采煤机。

在这个高度数字化和网络化的控制系统中，工作面巷道集控中心不仅是信息和数据的集散地，还提供了一个用于远程操控采煤机的人机交互界面。工作人员可以通过这个界面远程操作采煤机，实施精确的逻辑控制，并执行复杂的截割路径。集控中心还负责整合来自传感器的信息，预警和响应各种报警和故障事件，以及将所有重要数据进行归档存储。

远程控制系统的实施极大地提高了采煤机的作业效率和灵活性，它允许操作人员在安全的地方远程控制采煤机，大大降低了现场作业风险。系统的高度自动化和智能化确保了作业的连续性和精度，减少了人为错误的可能性。通过实时监控和数据分析，可以及时发现并解决潜在的故障，从而减少了停机时间和维护成本。

2. 虚拟现实数字化平台技术

利用先进的 3D 虚拟现实（VR）技术可以有效地实现采煤机操作的实时模拟和远程控制。这一平台的核心是将采煤机在工作过程中产生的各种状态参数实时地收集并存储在一个专门的归档数据库中。这种实时数据归档技术确保了所有重要的操作信息都被精确地记录和保存。

在此基础上，3DVR 平台通过访问归档数据库中存储的参数，可以精确地驱动采煤机的三维虚拟样机模型。这意味着操作者可以在屏幕上看到采煤机的详细工作状态，就像在现场一样。这种三维虚拟展示不仅提高了操作者对工作环境的感知能力，而且还使得远程控制变得更加直观和高效。

除了可视化显示外，平台还允许操作者通过监控软件系统向采煤机发送控制指令。这些指令通过远程控制器传输到采煤机上的机载控制器，从而实现对采煤机的远程操作。

采煤机的远程控制可视化平台包含四个关键功能区域，每个区域针对不同的监控和控制需求进行设计。工作状态真实再现区通过虚拟现实技术创建了一个逼真的采煤机工作场景，让操作人员感受到仿佛身处现场的体验。接着是工作参数显示区，这里主要展示采煤机的当前位置、左右摇臂的高度状态、滚筒的转动情况、内部关键部件的传动状态以及油温、水温等辅助信息。

远程控制区则包括了各种功能按钮和控制参数输入框，使操作人员能够远程操控采煤机的前进、后退、摇臂升降，以及进行检修、急停和故障报警等操作。采煤机的故障显示区则专门用于展示可能出现的各种故障信息，以便于及时响应。

在可视化平台上，采煤机的实时状态包括机器的具体位置、沿着工作面的行走状态、内部关键部位的传动情况、左右滚筒的旋转动态、摇臂连杆机构的驱动状况、关键部位的温度、采煤现场情况以及视频图像信息。

视频图像监控系统包括前端除尘摄像机、通信网络和展示平台，能够根据采煤机的位置自动调整视频监控的角度和焦点。工作面的视频监控图像通过无线网络传回，而视频展示软件则提供单画面、多画面和全屏等多种显示模式，以满足不同的监控需求。

5.3 液压支架智能化技术研究

液压支架的控制方式主要分为两种：手动控制和自动控制。在手动控制方面，可采用本架控制、单向邻架控制和双向邻架控制等方法。然而，手动控制方式存在一些局限性，例如支架推移速度较慢，不能有效保证支架的初撑力，同时增加了工人的劳动强度。

相比之下，自动控制方式，包括分程序控制、先导式程序控制、遥控等，展现出显著优势。自动控制能使支架推移速度比手动控制快 3 到 5 倍，并确保支架的初撑力。这种控制方式不仅显著提升了对顶板的支护效果，而且有助于实现带压移架，有效减轻工人劳动强度，并改善劳动条件。更为重要的是，自动控制为实现综采工作面的全自动化提供了可能，代表着煤矿生产效率和安全性的重要进步。

5.3.1 液压支架电液控制技术

液压支架电液控制技术的核心在于结合先进的计算机技术、监测技术、控制技术和液压技术，创造出一套高效、智能的工作系统。它不仅提高了支架的动作速度和自动化程度，还增强了安全保障功能，同时显著降低了操作人员的劳动量和强度，从而提高整体的生产效率。

液压支架电液控制系统能够自主执行操作，实时监测各种参数，减少了因操作误差可能引起的人员伤害和财产损失。这种技术的一大特点是其监控系统具备数据采集、显示和传输功能，能够实时收集和处理液压支架的控制参数和各种传感器数据，如立柱压力、推移行程、采煤机的位置和动作状态等。通过这些信息，操作者不仅可以在任何一个支架上获取该支架的详细信息，还能监控整个工作面的状态，进行参数的查看和调整。

液压支架监控系统还具有信息共享和矿压分析的功能，系统可以在不同的工作站间共享数据，对矿压情况进行深入分析。通过液压支架监控系统，用户可以实现对液压支架本身以及支架控制器的实时监控和远程控制，为综采工作面的智能化开采提供了强大的技术支持，使得作业人员可以在远程位置对关键参数进行设置，并查询各种历史数据。这样的系统不仅提高了工作效率，而且在提升安全性方面发挥了关键作用。

5.3.2 液压支架电液控制系统组成原理和网络系统

1. 单个液压支架电液控制系统

单个液压支架电液控制系统由本安型直流稳压电源、支架控制器、电磁阀驱动器、电液控制阀、各类传感器和连接电缆等核心部件构成。

电源或电源箱是系统的能量源，为整个控制系统提供必要的电能。支架控制器（也称为支架控制箱）是系统的核心，负责接收和处理各种控制信号，并向其他组件发出指令。电磁阀驱动器是支架控制器的关键扩展附件，通过与控制器相连的 4 芯电缆（包含电源线和数据线）进行通信。驱动器接收控制器的命令，控制每个电磁线圈的通断，从而驱动相应的液控主阀进行相应动作。驱动器配备"看门狗"系统，用于监测电源、驱动器与控制器之间的数据传输状态，确保系统的稳定运行。

电液控制阀负责控制液压油流，从而驱动支架进行各种动作。系统中还包括多种传感器，如行程传感器、压力传感器、红外线接收传感器和倾角传感器（也称姿态传感器或角度传感器）。这些传感器分别安装在液压支架的不同部位，如行程传感器安装在推移千斤顶内，压力传感器安装在立柱下腔体外面，倾角传感器则安装在顶梁、掩护梁和四连杆上。它们的作用是收集支架的运动数据、压力信息和角度信息，以便控制器根据这些信息做出精准的控制决策。

系统的组件如支架控制器、电磁阀驱动器和电液控制阀通常安装在液压支架的专用安装架上，以保证它们在恶劣的煤矿环境中能稳定运行。而连接电缆则负责将这些组件连接起来，确保数据和能量的有效传输。

2. 工作面液压支架电液控制系统

工作面液压支架电液控制系统通过高度集成的控制技术，优化了煤矿的生产效率和安全性。该系统由三个层次构成：工作面支架控制系统、巷道监控系统和地面数据分析与信息发布系统。

各支架控制器通过电缆串联，并通过服务器和网络变换器连接至井下防爆计算机，形成一个完整的网络系统。这个系统将工作面的数据上传到地面监控站，实现了地面的集中管理。服务器通常安装在靠近刮板输送机的位置，其主要功能是处理所有支架控制器的数据，并通过网络变换器传输数据。即便与井下防爆计算机断开连接，服务器也能确保支架控制不受影响。在不配备井下防爆计算机的情况下，单纯的服务器即可形成简易的电液控制系统。

网络变换器完成工作面数据的上传和下达。由于煤矿环境的特殊性，通信线路经常面临故障的挑战，因此系统逐渐由有线通信过渡到无线通信。主控计算机，也称井下监控主机或井下防爆计算机，是系统的数据中心，它接收并处理工作面的数据，对支架电液控制系统进行集中监测和控制，并将数据传输到地面计算机。主控计算机具备隔爆和本安特性，适用于各种工业环境，尤其是功能和操作可靠性要求严格的场合。

支架控制器负责执行所有支架动作的控制和数据采集。每个控制器都有独立的网络地址，便于通信。传感器将工作参数传输给计算机，以便进行数据分析和运算。计算机根据生产工艺要求对控制器和电液控制阀进行控制，实现液压支架的自动推移、放煤、移架和喷雾等动作。

支架动作的管理和实时调度由系统软件内嵌的操作系统完成。系统通过检测装置定位采煤机，实现工作面的液压支架动态跟进，形成了一个高效、安全的自动化生产控制系统。这种集成化的电液控制技术大大提高了煤矿生产的自动化程度，减轻了工人的劳动强度，提高了生产效率和安全性。

5.3.3 液压支架跟机自动化采煤技术

液压支架跟机自动化采煤技术依据采煤工艺要求和作业规程，采用集中控制方法来协调采煤机、液压支架和刮板输送机的动作关系，以实现安全、高效和自动化的采煤目标。

在液压支架跟机自动化系统中，采煤机的位置和牵引方向是主要的输入参数，而输出参数则是液压支架的动作。系统能自动完成液压支架和刮板输送机跟随采煤机行走的所有功能动作，如自动移架、自动推移刮板输送机、自动收伸护帮板和伸缩梁等。操作流程包括：在采煤机前方撤回支架护帮板、采煤机割煤、割煤后及时伸出支架伸缩梁以支护顶板，并在采煤机后方及时移架以支护悬空顶板及煤壁，然后推移刮板输送机准备下一次割煤。

自动化程序将操作人员的动作标准化并编入程序，实现支架的自动控制。系统跟踪执行护帮板动作，依据压力传感器控制支架的升降动作，依据行程传感器控制推移动作。自动化控制的目标是实现工作面设备的自动迁移，确保采煤机和液压支架互不干扰，保持刮板输送机良好的运行姿态和直线度，并对顶板和煤壁进行有效管理，确保液压支架达到预定的初撑力。

跟机自动化的关键组成部分包括支架控制器、各类传感器（如压力、行程、倾角传感器）、采煤机位置检测装置（如红外传感器）和电液控制阀。然而，目前中国的液压支架跟机自动化功能并未作为主要操作方式持续使用。主要问题在于控制系统程序相对固定，难以满足现场的实际需求，如机头机尾位置和采煤机的进刀方式。智能化控制系统在自我调节能力、传感器精度和工艺参数变化响应速度方面存在不足。

5.4 综采工作面运输设备的智能化

工作面运输设备如刮板输送机、转载机和破碎机对于提高矿山的安全性、产量和效率具有重要影响。特别是刮板输送机，作为长壁工作面的主要运输设备，其技术水平直接关系到整个采矿作业的性能。为了满足年产量千万吨级矿井的开采需求，国内外矿业界已经发展出了大型、智能化的刮板输送机装备。这些重型设备通常具有较宽的槽宽（1350 毫米到 1500 毫米）和高装机功率（可达 3×1600 千瓦）。

尽管目前已经实现了刮板输送机的大型化，但其自动化和智能化水平仍有待提升。未来的发展趋势将侧重于集成机电液一体化技术，如软启动技术、工作面运输系统的均衡调节、链条张力的自动控制与故障诊断，以及远程工况监测、诊断和控制。这些高级技术的应用将是未来重型刮板输送机智能化发展的关键标志，不仅提高了设备的效率和可靠性，也为矿井安全和经济效益提供了重要保障。

5.4.1 软起动技术

刮板输送机作为重要的运输设备，尤其是大功率的机型，面临一系列运行挑战，包括启动时的高机械冲击、不规律的负载变化以及重载启动时对电网的冲击。这些问题使得软启动技术成为刮板输送机系统设计的关键环节。软启动技术的核心在于最小化启动时的冲击和电网压力，确保设备的安全和有效运行。

目前刮板输送机的发展趋势是向着大功率、大运量方向演进。随着装机功率的增大，其驱动方式也经历了从单机驱动、双机驱动到 T 形布置多机驱动的转变。传动方式也从电动机直接驱动演变为更加复杂的系统，如电动机加限矩液力耦合器驱动，用于小功率刮板输送机，以及双速电动机加摩擦限矩器驱动。

特别是在功率超过 855 千瓦的情况下，传统的双速电动机驱动方式已不能满足重载启动的需求，这时软启动技术变得尤为重要。当前，已研制的软启动装置能有效解决多机驱动刮板输送机的重载启动困难和负荷不均衡问题。

大型刮板输送机通常采用三种主要的软启动方式：一是电动机加 CST（可控启动传输装置），二是电动机加阀控充液式液力耦合器，三是变频调速，包括变频器加电动机和减速器，或者变频一体机加减速器，此外还有基于电气控制原理的斩波调压软启动系统和可控硅软启动系统等。这些软启动系统通过优化启动过程不仅降低了设备的机械冲击和对电网的压力，还提高了设备的启动效率和可靠性。

5.4.2 工作面运输系统均衡调节技术

工作面运输系统的均衡调节技术是提高采煤效率和降低设备磨损最有效的技术之一。这一技术通过自动调整运输系统的运行速度来适应不同负荷情况，实现采煤机与刮板输送系统之间的有效联动。这种联动不仅提高了运输效率，也显著减少了刮板输送机的磨损和能耗。

当前工作面运输系统的自动调速主要有两种方式：煤量监测调速系统和基于电动机电流的自动调速。

1. 煤量监测调速系统

煤量监测调速系统以煤量扫描仪为核心，该仪器由煤量监测传感器和主机组成。传感器通常安装在工作面巷道输送带入口的上方，负责扫描输送带上的煤层断面积，计算出煤流的体积。该系统可以实时监测煤流量，并根据煤流量数据自动调节采煤机的采煤量和工作面运输系统的运行速度。这种系统的主要优点是能够实现全范围、连续的长时间变速运转，从而达到节能降耗的效果。

2. 基于电动机电流的自动调速

这种调速方式通过实时监测刮板输送机的工作电流来调节运行速度。系统会结合采煤机在工作面的位置、运行方向和工作状态来调整速度。在负荷较大时，系统会自动减慢采煤机的牵引速度，减少落煤量；当负荷超过设定上限时，系统会自动停止并闭锁工作面的采煤机。该系统的控制策略是根据电动机的电流变化来调节刮板输送机的速度。电动机电流的增减直接影响刮板输送机的负载和转速，从而实现了主动适应和自主调速的功能。

这两种均衡调节技术的应用显著提高了工作面运输系统的效率和智能化水平。它们使得刮板输送机不仅能根据实时负载情况调整运行速度，也能有效地减少能耗和设备磨损，进一步延长设备寿命。这些技术还有助于提高工作面的安全性，因为它们可以在遇到过载或其他潜在危险情况时自动停机，从而防止事故的发生。

5.4.3 链条张力自动控制与故障诊断技术

采煤机在割煤过程中经常遭遇变化负载，尤其是在煤壁片帮发生时，刮板输送机负载会瞬间增加。这类周期性负载变化导致输送机链条的张紧度发生波动。链条过度张紧会增加链条和压链板的磨损，而松弛的链条可能导致堆积、链轮啮合不良，进而引发跳链或断链等故障。这些故障不仅影响设备的效率，还可能对安全生产构成威胁。

为了有效管理链条的张紧度并降低故障风险，目前普遍采用的方法是使用自动伸缩机尾。这一技术能够根据负载的周期性变化自动调整链条的张紧程度，从而保持适宜的张力。这种自动化控制不仅提升了链条的使用寿命和可靠性，还减少了因链条问题导致的设备停机时间，进而提高了整个采煤系统的效率和稳定性。

1. 链条张力调节控制

刮板链，即链条，作为刮板输送机的核心牵引部件，同时也是最容易发生磨损和损坏的部位。链条的断裂故障是刮板输送机中较为常见的问题，主要由链条过松或过紧以及刮板输送机的过载运行和启动不当等因素引起。

有效地监控链条的运行状态，并使链条张力能够根据刮板输送机的弯曲程度、载货量以及采煤机的位置自动调整，是提高刮板输送机运载能力和运输效率的关键。通过实现链条张力的自动调节，不仅可以提高运输效率，还能显著提升工作的可靠性。

从 20 世纪中后期开始，如英国、德国等国家的科研设计机构和制造商开始集中研究刮板输送机链条张力的自动调节控制装置。德国 DDM 研究中心在 1988 年率先研制成功了 AVK 自动紧链装置，美国的久益公司随后也开发出了 ACTS 装置。这两种装置都采用可伸缩式机尾设计，能够自动调节链条张紧或松弛，以保持链条在适宜的张力范围内。

这些装置通过液压缸推动活动机尾架及链轮轴水平移动，从而实现链条张紧力的自动调节。机头链轮下方和机尾链轮前方安装有传感器，分别用来测量底链的松弛度、悬垂度以及上链的张紧程度。通过微处理机控制的电液控制阀组来调节液压缸的压力，从而控制机尾架的伸缩移动，保持链条的适宜张力。这样的配置有效地避免了机头悬链和机尾堆链的发生，同时防止了因链条过紧或过松导致的事故。

2. 链条故障诊断技术

（1）链条疲劳裂纹的检测。在疲劳裂纹的检测中，常用的无损检测技术包括渗透探伤、磁粉探伤和超声波探伤技术。

渗透探伤技术：这是一种基于毛细现象的检查方法，用于发现材料表面缺陷。其优点在于操作简单、缺陷显示直观，能发现非常细小的裂纹。然而，渗透探伤技术的局限性在于，它只能检测到表面的开口缺陷，对内部裂纹无法进行有效诊断。

磁粉探伤技术：在应用时，链条被放置在强磁场中。如果链条表面或近表面存在缺陷，漏磁现象会发生，导致磁粉在这些缺陷附近堆积，形成可见的磁粉痕迹。这种技术的优点在于，它可以较准确地显示链条的表面或近表面缺陷。

超声波探伤技术：这种技术利用超声波透入链条内部，当遇到缺陷或链条底面时，超声波会反射回来，在荧光屏上形成特定的波形。根据这些波形，可以判断缺陷的位置和大小。其优势在于能够检测链条的内部缺陷，并对缺陷的深度和大小进行评估。但是这种技术在检测圆环链或链条弯曲部分时容易出现漏检或误判。

每种技术都有其独特的优势和局限性。渗透探伤技术适用于快速检测表面裂纹；磁粉探伤技术可以更准确地识别表面或近表面缺陷；而超声波探伤技术则更适合深入链条内部，进行全面的裂纹检测。在实际应用中这些技术可以根据具体需求和链条的特性相互补充，以实现最全面和准确的链条故障诊断。

（2）链条故障诊断方法。链条故障诊断是刮板输送机维护中的关键环节，主要采用两种方法进行故障检测。

霍尔传感器脉冲信号法：在这种方法中，霍尔传感器安装在刮板输送机上，用于监测固定轴舌板的摆动。当固定轴舌板与霍尔传感器正对时，传感器输出低电平；否则输出高电平。正常运行时，霍尔传感器会不断输出标准脉冲信号。如果发生断链或堵转故障，霍尔传感器将持续输出低电平。断刮板故障时，会输出较长时间的低电平信号。双边链设计的设备上，设置两个霍尔传感器可以检测跳链故障，通过两个传感器输出的脉冲信号相位差来诊断。这种方法的优点在于能够通过持续监测脉冲信号的变化，及时准确地检测出各种链条故障。

霍尔开关脉冲信号法：这种方法中，刮板会均匀地通过摆轮，随后摆轮压出的弹簧板接近霍尔开关，导致开关输出低电平。当刮板离开，摆轮和弹簧板复位，远离霍尔开关，开关输出高电平。在正常情况下，霍尔开关输出标准脉冲信号。断链、断刮板、堵转、跳链等故障的发生会改变输出脉冲信号的特征，与第一种方法相似。

这两种方法都利用霍尔传感器或开关来检测刮板输送机链条的运动状况，从而有效地监测和诊断可能出现的故障。这种实时监控确保了刮板输送机的稳定和安全运行，减少了由链条故障引起的生产停滞和设备损害。

第6章 煤矿智能化技术在主运输系统的应用研究

6.1 煤矿主运输系统概念与结构

煤矿的主要运输系统的主要职责是利用各类运输设备将矿井工作面采集的原煤高效且安全地传输到地面的指定煤仓，保障煤矿的持续生产。这个系统通常由采区运输、主巷道运输、提升运输和地面运输几个部分组成。采区运输指的是在矿井的单层或多层采区内，从工作面至运输主巷的过程。主巷道运输则是在矿井主要运输层或倾斜通道（如阶梯通道、石门、水平运输大巷）内的运输过程。提升运输发生在立井和斜井矿井，涵盖从立井（或斜井）底部至地面井口的过程。地面运输则是从矿井主井口至地面煤仓的运输环节。这些环节紧密相连，与中间煤仓共同形成一个连续的运输系统。在整个运输过程中，常见的运输方式和设备包括刮板输送机、带式输送机、主提升机和矿车等。

6.1.1 刮板输送机

作为一种连续输送设备，刮板输送机依赖于链传动机制来运行其，核心部件包括机头部、溜槽、刮板链和机尾部。机头部通常包含机头架、驱动装置和链轮组件。机头架为整个机械提供了必要的支撑，而驱动装置则是推动刮板链运行的动力源。链轮组件在整个传动系统中起着关键作用,确保链条的顺畅运转。

溜槽的主要功能是支撑和引导刮板链和运输的煤炭。溜槽分为中部槽、特殊槽和调节槽等不同类型,每种类型的溜槽都有其特定的应用和功能,以适应不同的工作环境和需求。刮板链负责直接推动煤炭沿溜槽运动,它是一种特殊设计的链条,能够在恶劣的矿井环境中稳定运行,同时具有足够的强度和耐磨性来应对煤炭的重量和摩擦。机尾部的构造与机头部类似,也包含机尾架、驱动装置和链轮组件。机尾部的主要功能是支持刮板链的另一端,并确保整个系统的平衡和稳定。挡煤板和铲煤板也是刮板输送机不可或缺的部分,挡煤板用于防止煤炭从溜槽中溢出,而铲煤板则帮助在煤矿工作面上有效地收集煤炭。无链牵引装置是一种现代技术,用于替代传统的链条驱动。这种装置通过减少机械部件的摩擦和磨损,提高了运输效率,同时也降低了维护成本。

6.1.2 带式输送机

带式输送机以输送带作为主要组成部分,具备了运输量大、距离长、可靠性高、连续运输等显著特点。这种输送机在煤矿的不同区域都会采用,如采区、主斜井、平巷等。

带式输送机的类型多样,但主要可以分为两大类:固定带式输送机和可伸缩带式输送机。固定带式输送机主要应用于位置固定的运输场所,比如主运大巷或主斜井等。由于这些场所的运输需求相对固定,固定带式输送机可以提供高效、稳定的运输服务。

另一方面,可伸缩带式输送机则更加灵活,它主要用于采煤工作面运输巷道或掘进巷道等需频繁移动的场所。这种输送机的设计允许它根据作业需求进行伸缩,从而适应工作面的推进或退缩。这种灵活性对于确保煤矿运输的高效性和适应性至关重要。

6.1.3 矿井提升机

矿井提升机主要负责在立井中进行原煤和人员的垂直提升。这些提升机系统通常包括提升机、提升钢丝绳、提升容器（如箕斗或提升笼）、井架或井塔、天轮、导向轮，以及装卸设备等关键部件。

提升机不仅负责将开采出的煤炭从地下运送到地面，也用于运输矿工和各种矿山设备。这种垂直运输方式对于深井矿山尤为重要，因为它是连接地下与地面的主要通道。虽然大多数现代煤矿采用立井箕斗提升方式，但在某些小型矿井中，也采用斜井串车提升或斜井箕斗提升的方式。斜井提升机通常用于地形复杂或地下空间受限的地区，它们能够沿着斜坡或倾斜的通道运输物料。

无论是立井提升还是斜井提升，安全性都是矿井提升机设计的首要考虑因素。提升机必须能够承受极端的负载，同时确保稳定和平稳的运行。现代矿井提升机系统通常配备了先进的控制系统和安全装置，以确保运输过程中的安全性和效率。

6.1.4 矿车

矿车主要用于输送煤、矿石和废石等散状物料。根据结构和卸载方式的不同，矿车可分为固定式、翻斗式、侧卸式和梭式等多种类型。这些矿车一般需要机车或绞车牵引，其中机车牵引可以进一步细分为架线式电机车和蓄电池电机车。

随着煤矿生产规模的不断扩大，矿井主运输设备的发展趋势是朝着长运距和高运速的方向进展。这一趋势要求矿井主运输设备不仅在单机控制上实现智能化，而且需要各设备之间高效协同，与采掘系统有效衔接。这就涉及对主运输系统进行优化管控，以保证矿井安全、高效及节能生产。

智能化技术的发展在矿井主运输系统中起着至关重要的作用。这些技术包括电气传动技术、自动化控制技术、传感器智能检测保护技术、节能控制技术以及基于物联网的设备远程诊断与维护管理技术等。这些技术的应用不仅提高了主运输系统的生产效率和安全性，而且对于实现主运输系统的无人值守运营具有重要意义。因此矿车智能化技术的发展和应用，对整个煤矿的运输效率和安全性能有着显著的影响。

6.2　带式输送机智能化控制技术

6.2.1　带式输送机的结构及工作原理

带式输送机的构造包括若干关键部分：输送带、机架、托辊，以及驱动装置，其中驱动装置由电动机、减速机、制动器、软起动装置、逆止器、联轴器和传动滚筒构成。此外它还配备有拉紧装置和清扫装置。特别地，可伸缩型带式输送机还包含贮带装置、收放带装置和位于机尾的拉紧装置。

表 6-1　带式输送机各结构及工作原理

组件	工作原理
输送带	承载被运货物和传递牵引力。多种类型可选，如钢绳芯橡胶带、帆布芯带、尼龙带和聚酯带。钢绳芯橡胶带因强度高、弹性小，在煤矿大运量、长距离的带式输送机上广泛使用。
托辊	支撑输送带和物料的质量，减少运行阻力。分为金属托辊、陶瓷托辊、尼龙托辊、绝缘托辊等。主要类型包括平形托辊、槽型托辊、调心托辊及缓冲托辊。
驱动装置	由电动机、联轴器或液力偶合器、减速器、传动滚筒等组成，负责通过摩擦将牵引力传递给输送带。交流电机广泛用于煤矿带式输送机。
制动装置和逆止装置	用于带式输送机正常停车和防止倾斜向上的输送机反转。常见类型有电力液压鼓式制动器、盘式制动器和电力液压盘式制动器等。

组件	工作原理
张紧装置	使输送带保持必要的初张力，避免传动滚筒上打滑，并确保两托辊间输送带的垂度在规定范围内。
改向装置	用改向滚筒或改向托辊组改变输送带运动方向。布置在尾部或垂直重锤式张紧装置上。

输送带不仅承载物料，同时传递牵引力。在不同的矿井环境中，钢绳芯橡胶带因其高强度和低弹性，在大运量、长距离的输送需求中得到广泛应用。其他如帆布芯带、尼龙带和聚酯带则根据具体应用需求选择。

托辊作为支撑输送带和物料的组件，不仅减少了运行阻力，还保证了输送带的平稳运行。托辊的种类多样，如金属、陶瓷、尼龙、绝缘等材质，以及平形、槽型、调心及缓冲等类型，需要针对不同的运输需求和环境条件进行合理选择。

驱动装置是带式输送机的动力源，其通过电动机、联轴器、减速器和传动滚筒的组合传递动力。随着电力拖动技术的发展，交流电动机已成为矿井带式输送机的主要选择。驱动装置的设计旨在提高运输效率，同时保证设备的稳定性和可靠性。

制动装置和逆止器保证了带式输送机的安全停车和防止倾斜向上的输送机反转。张紧装置则保持输送带的必要初张力，确保平稳运行。同时改向装置允许输送带在不同方向上运动，增加输送灵活性。

带式输送机的工作原理是利用电动机驱动传动滚筒，通过摩擦力带动输送带运行。输送带在机头传动滚筒和机尾换向滚筒之间形成封闭的环形，运载物料沿着输送带行进并在指定位置卸载。整个过程高效、连续且能够根据需要进行调节。

6.2.2 带式输送机工艺控制要求

带式输送机具有连续性、高效率、大运输能力，以及其能够适应不同弯曲度、倾角和多样地形的能力，这些输送机通过相互连接的方式工作，并与煤矿的中间煤仓、给煤机等设备共同组成了一个完整的带式输送机煤流运输系统。由于带式输送机本身的工艺性质较为复杂，它对控制系统的要求也相对较高。

1. 带式输送机起动与运行工艺要求

（1）起动力矩的恒定性。带式输送机的运行依赖于驱动设备的力矩输出。运行过程中所需的驱动力矩主要取决于负载大小、驱动滚筒的半径以及滚筒与输送带之间的摩擦力。这些因素与设备的转速无关，从而构成了所谓的"恒转矩负载"。这意味着无论带式输送机的速度如何变化，其所需的力矩应保持恒定，以保证稳定的运输。

（2）平滑起动与制动。带式输送机的输送带是由具有黏弹性的材料制成，因此在起动和制动过程中，必须尽量减少冲击力，以保护输送带不受损害。平滑的起动和制动不仅有助于延长输送带的使用寿命，还有助于维护整个系统的完整性。

（3）保持必要的初张力。为了防止输送带在驱动滚筒上打滑，带式输送机必须保持一定的初张力。这种张力应足够大，以应对起动时的负载，但又不能过大以至于导致过度的磨损，这就要求系统具备精确的张力调节能力。

带式输送机的起动和运行还要满足一系列工艺和安全要求。例如机器应能够应对不同的载荷条件，包括重载和空载条件，并具备故障检测和应急响应机制。这些要求涉及复杂的控制系统设计，以确保机器在各种工作条件下都能保持高效和安全运行。对于长距离和大运量的输送任务，带式输送机需要具备高度的机械完整性和可靠的维护策略。

2. 带式输送机的安全保护要求

带式输送机作为煤矿主要的运输设备，在安全保护方面的要求极为严格。其运行中可能出现的各类故障，如输送带跑偏、打滑、撕裂、断带、燃烧以及关键部件如电机、滚筒、托辊的损坏等，都可能导致生产事故。因此需要配备一套可靠的安全保护系统来应对这些潜在风险。

安全保护系统主要功能包括对输送带的跑偏进行实时监测并纠正，以避免输送机损坏和运输效率下降。在输送带打滑和撕裂的情况下，通过安装的传感器，如速度传感器和声音探测器，可以及时检测并采取措施。对于断带和燃烧的监测也是必要的，通常使用红外线和烟雾探测器来实现。

在发生堆料的情况下，过载可能导致带式输送机的损坏，因此需要通过重量和容量监测系统来预防这种情况的发生。针对电机和关键部件的损坏，温度和振动监测是常用的方法，以确保系统的正常运行。

紧急停机装置在任何异常情况发生时都能迅速停止输送机运行，是安全保护系统中不可或缺的一部分。除此之外，为了防止操作人员接触到移动部件，需要安装保护栏杆、防护罩等安全设施。

除了上述技术措施，定期的维护和检查也是保障安全运行的关键环节。这包括对输送带的磨损情况、托辊的运行状况以及整个系统的机械完整性进行定期检查。

3. 带式输送机运输系统起停工艺要求

带式输送机运输系统的起停工艺要求关键在于确保系统运行的连续性和防止物料堆积。传统的起停顺序，即逆煤流起动和顺煤流停车，主要目的是避免物料在输送带上的堆积。这种顺序确保了每条带式输送机启动前，其下游输送机已经开始运转，而在停车时，每条带式输送机上的煤炭都能够完全卸载，从而避免了堆料事故的发生。然而这种方法存在的问题是，多条带式输送机在启动时会有较长时间的空转，这不仅影响了运输效率，还可能增加能源消耗和设备磨损。

随着检测技术的发展，带式输送机系统可以实施顺煤流起动和停车的工艺优化。这种方法意味着每条带式输送机的启动和停止顺序与煤流的方向相同。具体来说，在起动时，从最靠近煤矿工作面的输送机开始，逐渐向远离工作面的输送机扩展；在停止时，也是先停止最远离工作面的输送机，逐渐向工作面靠近的输送机停止。这种方法的优点在于可以更加有效地管理煤流，减少空转时间，提高整体系统的运行效率。

通过实施顺煤流起停，配合现代化的监测和控制技术，如传感器和自动化控制系统，带式输送机的运行更加灵活和高效。例如通过传感器监测煤流量和输送带负载情况，控制系统可以自动调整每条带式输送机的运行速度和启停，以适应煤矿生产的实际需要。

4. 带式输送机运输系统运行效率要求

由于运输系统通常涉及多个设备的协同工作，例如刮板输送机、转载机和给煤机，这种联锁关系确保了在整个输送过程中，各环节能够顺畅衔接，无缝配合，从而优化整个系统的运行效率。

对带式输送机运输系统的工艺流程进行优化，以及实施设备协同控制，对于提高系统运行的效率和效益至关重要。这需要一个综合的控制策略，不仅考虑单个设备的性能，还要考虑整个系统的协调运行。例如可以通过智能化控制系统对各个输送带的速度和运行状态进行调整，确保在整个运输链中不会产生瓶颈或者过度积压。

随着带式输送机向大运量、长距离和高速度的发展，对智能化控制的要求也越来越高。这就需要引入更先进的技术，如自动张紧技术以保证输送带的正确张力，电气制动技术以提供有效的制动控制，以及控制与保护技术以保障整个系统的安全运行。多级联动节能控制技术可以在提高运输效率的同时降低能耗，而无人值守控制技术则意味着可以减少人力成本和提高系统的自动化水平。

6.2.3 带式输送机驱动技术

带式输送机的驱动技术关键在于其适应性与效率。这些系统根据运输距离、运输量、输送带的倾斜度以及线路布局的多样性，采用不同的驱动配置。通常，驱动形式包括单滚筒、双滚筒和多滚筒传动，而驱动装置则分为单驱动、双驱动和多驱动（或多点驱动）。

在单驱动带式输送机的设计中，主要考虑的是合理选择起动加速度和张紧力，以确保平稳且高效的运输。而对于双驱动或更多驱动的系统，更关键的是对电动机的起动顺序、起动时间和功率分配进行精确控制。这样做不仅可以保证输送机在起动和正常运行过程中的稳定性，还有助于优化整体的能源消耗和提高系统效率。煤矿用带式输送机常用的驱动方式见表 6-2。

表 6-2　煤矿用带式输送机常用的驱动方式

驱动方式	特点	主要驱动控制装置
电动滚筒驱动式（内装式和外装式）	直接起动，用于小型带式输送机	内部电动机
电动机＋液力偶合器（限矩型或调速型，调速型分为勺管式和阀控式）＋减速器	机械软起动，用于大、中型带式输送机	液力偶合器
电动机＋液黏调速离合器（也称液黏软起动装置）＋减速器	机械软起动，用于大、中型带式输送机	液黏软起动装置
电动机 +CST	机械软起动，用于大、中型带式输送机	可控起动 CST
电气软起动器＋电机＋减速器	电气软起动，用于大、中型带式输送机	可控硅软起动器
变频器＋电动机＋减速器	电气软起动，用于大、中型带式输送机	变频器
变频一体机＋减速器	电气软起动，用于大、中型带式输送机	变频一体机
永磁同步电动机变频调速驱动	电气软起动，用于大、中型带式输送机	永磁同步电动机变频调速驱动

液力偶合器主要由泵轮和涡轮组成，形成一个充满工作液的环形工作腔，通过工作液的环流实现转矩的传递。液力偶合器分为限矩型和调速型，其中限矩型主要用于中小功率带式输送机的软起动，而调速型液力偶合器更适用于较大功率的带式输送机，分为勺管式和阀控式。这些装置通过控制充液量来调整输出力矩，实现软起动和无级调速，从而均衡多电机的功率输出。液力偶合器的优点在于能够隔离扭振，减少冲击和振动，防止动力过载，保护电动机和传动部件。然而在正常工作时，其调速范围较小、调速精度低、反应速度慢，因此不适用于需要精确控制起动曲线和高功率平衡的应用场合。

可控起动装置 CST 是一个集成了多级齿轮减速器、湿式离合器和电液控制系统的装置，主要用于带式输送机的软起动和功率平衡。CST通过其液压系统控制输出扭矩，这个扭矩会随着施加在离合器上的液压压力而改变。CST 具有速度和功率反馈回路，可以更精准地控制输送机的速度和功率输出。它的空载起动功能可以减少对电网和设备的冲击，从而延长设备使用寿命。CST 的多片湿式线性离合器提供双向保护，不仅保护减速器免受冲击负载影响，还限制最大传递扭矩，保护带式输送机不受过大扭矩的损害。然而，CST 的投资成本较高，维护较为复杂。

液黏调速离合器（也称为液黏软起动装置）使用液体的黏性来传递扭矩。它由机械传动部分、液压控制和润滑系统以及配套的电控系统组成。液黏调速离合器通过改变油压来调节摩擦片之间的油膜厚度，进而控制从动摩擦片的输出转速和转矩，以实现带式输送机的软起动和调速要求。

可控硅软起动器是一种利用可控硅进行电机起动控制的装置，它由三对反并联的可控硅（每相一个对）、阻容吸收保护回路、旁路接触器、电压互感器、电流互感器、高压熔断器和微机控制系统等部分组成。该装置通过控制可控硅的相位角来调节电机电压。在电动机起动过程中，微机控制系统根据电流和电压数据发出控制指令，调节可控硅的导通状态，以控制输出电压，实现起动过程的调压调速和输出转矩的控制。起动完成后，软起动器自动控制旁路真空接触器吸合，将可控硅切断，以旁路接触器实现电动机的全压运行。这样做可以减少晶闸管的热损耗，延长软起动器的使用寿命。在正常停车时，软起动器首先投入可控硅，切断旁路真空接触器，然后逐渐关闭可控硅以实现软停车。可控硅软起动器的起动特性是降压起动模式，起动转矩较小，主要用于带式输送机空载起动控制。由于软起动器在调压调速时有较大的功率损耗、效率低、谐波影响大等问题，其容量选择通常比电动机额定功率高出30%至50%。

异步电动机变频调速驱动在带式输送机的应用中包括两种形式：一种是使用变频器配合异步电动机和减速器，另一种是采用变频一体机（异步）加减速器。变频调速以其高效率、宽广的调速范围、平滑的调速过程、高控制精度和快速响应等优点，在带式输送机调速和节能上成为首选方法。它不仅能实现软起动和软停机，还提供理想的起动和制动性能，延长系统使用寿命，并能实现重载起动和低速验带等功能。变频调速在带式输送机驱动控制中的主要功能包括：优化速度和加速度模型，减少横向和纵向振动，降低输送系统的不稳定性；实现电气制动，特别是在电动机处于再生发电状态时，通过制动回路吸收再生能量；功率平衡控制，尤其适用于多机驱动的带式输送机，保证电动机之间的功率平衡；智能调速，根据运量变化调整带速，达到节能和延长设备寿命的目的。

近年来，永磁同步电动机因其高效、节能的特点，在煤矿井下尤其是刮板输送机和带式输送机上得到广泛应用。永磁同步电动机变频调速驱动的主要形式包括专用变频器配合永磁同步电动机，以及永磁同步变频一体机。这些系统与传统驱动装置相比，具有省略减速器、液力偶合器等部件的优势，从而减少了机械损失，降低噪声，并减少了驱动单元的维护量。永磁同步电动机结合了传统异步电动机和同步电动机的主要优点，使用高效的永磁材料，提高了电机的功率因数和效率。这种电机的设计较为灵活，能够根据具体需要定制各种转速和形状的电动机，同时保持良好的性能。永磁变频驱动系统将永磁同步电动机的低转速、高转矩特点与变频技术优势相结合，简化了传动链，并适用于多种矿山设备。特别是在低速或零速时，该系统能够提供出色的满转矩输出，解决重载起动问题。永磁同步电动机配合直接转矩控制方式，能够提供远大于额定负载的起动转矩，满足系统的正常起动要求，而传统驱动系统中的异步电动机往往不能提供足够的起动转矩，这使得永磁同步电动机在煤矿等重工业领域的应用具有明显优势。

多机驱动的带式输送机控制系统面临着电动机功率平衡的挑战。理想状态下，每个电动机在驱动负载时应保持相同的负载率，即各电动机出力平衡。然而，由于电动机的机械特性差异、驱动滚筒直径的偏差、安装误差、输送带伸长率、滚筒围包角的变化以及动态因素如输送带张力变化和负载扰动等因素，电动机的实际功率分配往往偏离理想状态，导致功率负载不平衡。这不仅减少了驱动装置的使用寿命，还降低了系统运行的安全性。

为了调节带式输送机功率平衡，常用的驱动装置包括变频调速驱动、CST 驱动、调速型液力偶合器驱动和液黏软起动装置等。针对多电机功率平衡问题，目前已有多种传统及新型智能控制策略，主要分为以下三种类型：

（1）电流控制功率平衡策略。侧重于调节每台电动机的电流，以达到功率平衡。

（2）转速 – 电流平衡策略。结合电动机的转速和电流数据进行综合调节，实现更为精确的功率平衡。

（3）转速 – 转矩平衡策略。通过监测和调节电动机的转速和转矩，确保多机驱动系统中的每个电动机均匀分担负载。

6.2.4 下运带式输送机制动控制技术

下运带式输送机的制动技术涵盖运行和停车两个阶段的制动，它的关键在于三个主要特性：可调控的制动力矩、良好的散热性能和停电时的可靠制动能力。可控制的制动力矩意味着设备能够进行柔性制动，维持加减速度在 0.05 至 0.3 米每平方秒范围内。

下运带式输送机主要采用的制动方式包括机械闸制动、液力制动和电气制动。机械和液力制动器的类型通常有盘式制动器、液黏制动器、液力制动器和液压制动器，其中后两者需要配备机械闸（如盘式制动器或电力液压鼓式制动器）以实现停车驻留。在小型下运带式输送机中，通常使用电力液压鼓式制动器和盘式制动器。而在电气制动方面，变频电气制动应用较为广泛。

1. 自冷盘式可控制动器

自冷盘式可控制动器是一种专为大型带式输送机设计的高效制动装置，它融合了自冷机制和盘式设计的优势。这种制动器能够在制动过程中有效散热，通常通过特制的散热片或通风系统实现，有时还配备额外的冷却系统（如水冷或风冷）来提高制动效率和降低温度。其盘式结构通过压紧转动的盘来产生稳定而有效的制动力，同时具备可控性，允许与自动化系统集成，实现基于实时数据和预设参数的精确制动控制。这些特性使得自冷盘式可控制动器在重载条件和频繁制动的需求下，特别是在矿业、物料处理和重型工业环境中，表现出高安全性和可靠性，减少了因过热而引起的性能下降或故障的风险，从而保证了输送系统的高效、可靠且安全运行。

2. 液压调速制动器

液压调速制动器利用液压力来控制带式输送机的速度和制动。在运作过程中，液压调速制动器通过调整液压油的流量和压力，实现对输送带速度的精确控制。当输送系统需要减速或停止时，液压调速制动器会增加对带式输送机的制动力，从而确保煤炭运输的平稳和安全。液压调速制动器特别适用于长距离、大坡度或负载变化大的输送系统，因为它能有效地调节速度，防止物料因惯性作用而滑落或聚积，同时减少对输送设备的磨损。液压调速制动器的应用，不仅提高了煤矿输送系统的效率，也大幅度提升了作业安全性。

3. 液黏可控制动器

液黏可控制动器是一种先进的制动系统，广泛应用于煤矿带式输送系统中。该制动器的工作原理基于液黏阻力的变化来调节制动效果。在此系统中，液黏介质（通常为特殊的硅油）在制动器内部流动。当需要减速或停止输送带时，通过改变液黏介质的流动特性或流量来增加阻力，从而实现制动作用。

液黏可控制动器的关键优势在于其提供平稳且可调的制动力，能有效减少因突然制动而引起的冲击和振动，这对于长距离或高负载的输送系统尤为重要。由于其工作依赖于液黏介质的流动特性，因此该制动器在不同的工作环境下能保持稳定的性能，包括在多尘、潮湿或温度变化大的矿井环境中。液黏可控制动器的设计使其易于维护，因为它较少有机械磨损部件。它的可调性也使得能够根据输送带的负载和速度需求灵活调整制动力，从而优化煤矿输送系统的整体效率和安全性。

4. 液力制动器

液力制动器通过利用液体动力学原理实现对输送带的有效控制。该制动器内部含有特定的液体，通常为油类。当需要减速或停止输送带时，通过调整液体的流动，即可产生制动力。与传统的摩擦式制动相比，液力制动器提供更平稳、连续的制动效果，从而减少了对输送带的冲击和磨损。由于液力制动器的工作过程中液体可以分散热量，因此它在长时间运行或重载条件下表现出色，有效防止过热问题。在煤矿带式输送系统中，液力制动器不仅提升了运输效率，还大大增强了系统的安全性和可靠性。

5. 带式输送机多点驱动联合电气制动技术

带式输送机多点驱动联合电气制动技术是一种用于优化长距离、大容量带式输送系统的先进解决方案。该技术通过在输送带的不同位置设置多个驱动单元，实现了负载的均匀分配和更高的动力效率。这种多点驱动的布局有效减轻了单一驱动点的压力，延长了设备的使用寿命，并提高了整体系统的可靠性。电气制动技术的结合则为系统带来了更精准和高效的速度控制能力。在需要减速或停止时，电气制动技术可以迅速响应，提供平稳而有效的制动力，减少了因急停引起的机械冲击。电气制动在减速过程中可以将能量回馈到电网，提高能源利用效率。这种多点驱动与电气制动的结合，不仅提升了输送系统的运行效率和安全性，而且降低了能源消耗和维护成本，对于煤矿业的高效和可持续运营至关重要。

6.2.5 大型带式输送机自动张紧技术

张紧装置在煤矿带式输送系统中最主要的目的在于确保输送带的有效和稳定运行，其基本功能是维持输送带的适当张力，适当的张力能保证输送带与滚筒间的有效摩擦，从而实现稳定的传动和运输。如果张力过大，可能导致输送带和系统部件的过度磨损，而张力过小则可能引起滑动或传动效率下降。在物料装载区域，张紧装置能起到吸收和缓冲的作用。在煤炭或其他物料被装载到输送带时，会产生突然的冲击力。张紧装置通过其弹性特性能够吸收这些冲击，减少对输送带和整个系统的压力和损害。输送带在长时间运行过程中会因为各种原因（如磨损、温度变化等）发生长度上的变化。张紧装置能够自动或手动调整，以补偿这些长度变化，确保输送带始终保持适当的张力。这种调整能力对于长距离输送尤其重要，因为输送带在经过数公里的距离后可能会有显著的伸长。输送带的接头是其薄弱部分，适当的张紧能保证接头处的稳定性，防止接头处因张力不足而发生故障，如松动或断裂。

根据不同的工作原理和结构特点，张紧装置主要分为以下几种类型。

（1）螺旋张紧装置。这是一种简单而常见的张紧方式。通过旋转螺杆来调整张紧轮的位置，从而改变输送带的张力。螺旋张紧装置结构简单，调整方便，适用于不太长的输送系统或作为辅助张紧装置。

（2）重锤张紧装置。这种装置通过悬挂的重锤来提供张力。重锤通过钢丝绳或链条与张紧轮相连，利用重力来保持输送带的张力。重锤张紧装置可以自动调节张力，适用于长距离输送系统，特别是在载荷变化频繁的情况下。

（3）液压或气压张紧装置。这些装置利用液压或气压系统来调整张力。通过改变液压油或气体的压力，驱动活塞移动，进而调节张紧轮的位置。这类装置响应速度快，能够精确控制张力，适合于高负载、高效率的输送系统。

（4）电动张紧装置。电动张紧装置通过电动机驱动，实现张紧轮的位置调整。这种类型的装置可以实现更精确的张力控制，适用于要求高精度调节的现代化大型输送系统。

每种类型的张紧装置都有其特定的应用场景和优缺点。比如螺旋张紧装置结构简单，成本较低，但其调整范围有限；而重锤张紧装置适用于长距离输送，能够自动适应载荷变化，但其安装和维护相对复杂。液压或气压张紧装置提供了快速、精确的张力控制，但可能需要更复杂的控制系统和维护；电动张紧装置则提供了最高的精度和控制灵活性，但成本相对较高。

1. 液压油缸式自动张紧装置

液压油缸式自动张紧装置的发展在中国经历了两个主要阶段，最初阶段是继电器控制，这种方法通过基础的电气元件来控制液压油缸，实现对输送带张力的基本调节。随着技术的发展，液压油缸式自动张紧装置进入到第二个阶段，即采用了更先进的PLC（可编程逻辑控制器）和比例控制系统。PLC提供了更高的控制精度和灵活性，能够处理更复杂的控制逻辑和环境变化。而比例控制技术则进一步提高了系统的响应速度和调节精度，使得液压张紧装置能够更加精准地适应不同负载和运行条件，从而保证煤矿带式输送系统的高效和安全运行。

2. 液压绞车自动张紧装置

液压绞车自动张紧装置采用液压系统驱动绞车，自动调整输送带的张力，确保其在不同工况下的稳定运行。通过液压泵提供动力，绞车能够根据输送带的实时负载和运行条件，精确地调节张紧轮的位置，从而动态地维持适宜的张力。这种自动化调节机制不仅提高了输送带的传输效率，还显著降低了因张力不当引起的磨损和损坏风险，延长了设备的使用寿命。液压绞车自动张紧装置特别适用于长距离、大负载的输送系统，如煤矿中的带式输送系统，因为它能够适应不断变化的矿物负载和环境条件，确保了整个输送过程的连续性和安全性。

3. 自动变频绞车与自动电动绞车

自动变频绞车在煤矿带式输送系统中通过变频器控制电动机速度来调节输送带的张力，其利用变频技术实现电动机转速的连续变化，进而精确控制张紧轮的位置，从而对输送带施加适宜的张力。这一过程中，变频器根据输送带的实时负载和运行状况调整输出频率和电压，确保张力的动态平衡。自动变频绞车的设计允许它在不同的工作条件下自动调整张力，减少由于负载变化导致的输送带松弛或过度张紧。变频技术可以改善能源效率，因为绞车可以根据需要调节运行速度，避免无效的能源消耗。

自动电动绞车则通过直接驱动的方式来控制输送带张力，电动机通过机械传动系统（如链条或齿轮）驱动绞车，进而调节张紧轮的位置。电动绞车通常具备一定的自动控制能力，能够根据预设的参数自动调整张力，但这种调整通常不如变频绞车那样精细。电动绞车的设计简单、成本相对较低，但在处理复杂或快速变化的负载条件时，其性能可能不如变频绞车灵活。在这种类型的绞车中，电动机的转速通常是固定的，因此在不同负载条件下可能需要额外的机械或电子控制系统来实现更加准确的张力控制。

6.2.6 带式输送机的自动控制与安全保护技术

1. 带式输送机自动控制技术

（1）带式输送机自动控制系统的构成。带式输送机自动控制系统的设计旨在满足带式输送机的工艺控制要求，包括可靠的起动与停止、平滑调速、安全制动及运行保护。此系统还负责实现煤流方向上下游设备间的集中联锁控制，以确保设备间的协调运行。此系统主要包含以下几个部分。

上位机监控系统由计算机和网络通信设备组成，运用工业控制软件进行实时在线监测。上位机监控系统可对控制设备的状态、操作数据进行实时显示，存储和分析，提供操作指令和故障报警功能。

现场控制站则主要由可编程控制器（PLC）组成，执行带式输送机的自动控制、保护和数据采集功能。PLC通过输入／输出模块接收来自传感器的信号，并根据预设程序控制执行器，例如电动机启动器和阀门。它可以实现逻辑控制、顺序控制、定时、计数和算术运算等复杂控制功能。

电气传动系统通常由变频器或软启动器等软起动装置组成，用于实现带式输送机的平滑启动和停止以及运行速度的调节。变频器可以根据需要调整电机的速度和扭矩，优化能耗和减少机械冲击。

配电系统包括高低压配电柜，提供电力分配和电气保护。配电柜配备有断路器、继电器和接触器，实现过载保护、短路保护和漏电保护。

带式输送机保护与在线监测系统由多种传感器和监测装置组成，如速度传感器、温度传感器和振动传感器。这些设备用于监控带式输送机的运行状态，及时检测故障或异常，确保设备安全运行。

辅机设备控制包括张紧装置、制动闸盘的控制，以及与给料机等设备的连锁控制。张紧装置控制保持输送带适当的张力，制动闸盘控制用于紧急停机，给料机等设备的连锁控制确保各设备间的协调工作。

（2）带式输送机单机自动控制功能。带式输送机单机自动控制系统包括数据采集、工艺控制及多种控制方式，以适应煤矿业的具体需求。

数据采集功能涉及主控制器通过通信接口或 I/O 接口与各装置或系统的实时连接。监测内容包括设备运行和故障状态参数，例如电压、电流、有功功率、无功功率、功率因数、频率、电动机转速等。设备温度在线监测，如电动机绕组和轴承温度、减速器轴承温度也在监测范围内。监测还涵盖高低配电柜状态参数（合闸、分闸、故障）以及辅助设备（如张紧装置、制动闸）的工作状态。

工艺控制功能包括软起、软停控制，以实现带式输送机启动时的张力平衡，减少对电网和设备的冲击。变频驱动下，控制系统能够计算并自动生成最佳起动曲线。系统还具备驱动装置故障检测、多台电动机的功率平衡和速度同步协调控制。速度给定与调速控制、低速验带功能，以及与辅助设备如机械制动器和张紧装置的协调控制也是工艺控制的一部分。控制系统还能够实现上下级带式输送机的联锁控制、大运量下的电气制动及带式输送机的保护控制功能。

带式输送机自动控制系统具备自动、手动、检修和就地操作控制模式。在自动模式下，控制器程序控制带式输送机的起停，操作员可以远程通过通信或现场控制台完成控制。此模式下，主控制器负责数据采集、在线监测和工艺过程控制。手动控制模式允许操作员通过操作台上的按钮控制各个设备的独立起动或停止，并确保设备间的连锁功能。就地控制模式主要用于现场操作台出现故障时，允许各个设备的独立控制。检修模式下，带式输送机可以低速运行，方便检修人员进行检查，同时各种保护功能可以选择性地投入运行。

（3）带式输送机运输系统多机集中控制功能。带式输送机运输系统的多机集中控制功能由运输系统远程集控中心和各带式输送机现场控制站来共同完成。运输系统远程集控中心包括数据服务器、上位工控机、显示器、不间断电源、通信网络以及相关的系统软件、监控软件和组态软件。工控机采用主从热备方式实现双机控制，保证在一台工控机故障时能够自动切换到另一台，以防止数据丢失或控制失效。这使得集控中心能够对多条带式输送机进行集中控制和监测。

集中监控功能使得集控中心能够实时监控运输系统中各带式输送机的工作状态、故障性质、故障地点、煤仓煤位、输送机速度等信息。该系统对输送线上的设备进行全面监控，包括跑偏、堆料、断带、撕裂、拉绳、急停、温度、烟雾、电动机电压和电流等状态。系统还对运输线的辅助设备进行联锁监控，例如给料机、除尘系统、洒水阀等。系统通过通信网络巡检各现场控制站，接收采集的信息，并负责相关设备间的联锁控制，发出远程控制指令。

集中控制方式包括远程集中控制和现场控制两种工作模式。在远程集中控制模式下，所有设备由集中控制中心控制，可以远程控制带式输送机、给煤机等设备的开启和停止。此模式下，集控中心根据煤流设备队列的闭锁关系，实现设备按逆煤流或顺煤流方向成组或逐台顺序延时启动和停止。启停设备的延时时间根据具体设备而定，目的是在运行时不堆煤，停车后不存煤。现场控制模式允许现场操作人员根据实际情况采用不同的控制方式，包括单机自动、手动、就地等。在此模式下，设备的禁起和故障急停也需符合设备间的联锁要求。

2. 带式输送机安全保护技术

（1）带式输送机安全保护系统。带式输送机安全保护系统的设计和实施必须符合《煤矿安全规程》的规定。该系统的主要目的是确保滚筒驱动带式输送机的安全运行，通过一系列保护装置和控制技术，预防和应对各种潜在的安全风险。

根据《煤矿安全规程》，滚筒驱动带式输送机必须装设驱动滚筒防滑保护、烟雾保护、温度保护和堆煤保护装置。这些装置能够监测并及时响应运行中可能出现的打滑、堆煤等问题。此外必须装设自动洒水装置和防跑偏装置，以应对火灾和输送带偏离轨道的情况。在主要巷道内使用的带式输送机还需装设张力下降保护装置和防撕裂保护装置，以防止输送带因张力不足或外力作用而断裂。

这些安全保护装置在动作时伴随着声光报警指示，提醒现场操作人员及时采取措施。带式输送机的安全保护系统还具备闭锁、通话和预警功能，沿线实现这些功能的目的是增强矿工的安全感和对潜在风险的及时响应。

在中国煤矿井下，许多在用的带式输送机保护装置为综合保护装置。这些系统由主控制器、电源箱、保护传感器、语音通信电话和通信设备等组成，采用工业嵌入式计算机控制和现场总线（CAN）技术。这些技术不仅完成了所有传感器的数据采集和保护控制，而且还具有监测设备状态的功能，包括电机电压、电机电流、控制柜状态等。一些系统甚至具有远程通信和联网功能，能够实现在控制中心的远程监控。

带式输送机安全保护系统的实施不仅是对煤矿安全生产法规的遵守，通过先进的技术和设备，更是为煤矿输送过程提供了全面的安全保障。这些系统的集成，使得带式输送机的运行更加可靠，减少了事故发生的风险，保障了矿工的生命安全和矿井的稳定运行。

（2）带式输送机安全保护传感器检测技术。带式输送机安全保护系统的效能主要依赖于传感器检测的准确性。目前传感器检测正逐渐演进为高度可靠且具备智能识别能力的系统。这些传感器所采用的检测技术见表格 6-3。

表 6-3　传感器检测技术

监测类型	描述	技术 / 装置
跑偏检测	监测输送带在运行中偏离中心的情况，防止撒料和输送带断裂	安装在输送带两侧的跑偏开关，分为一级和二级保护
打滑检测	检测传动滚筒和输送带速度不一致导致的滑动	速度传感器、霍尔传感器或旋转编码器
温度检测	监测滚筒、托辊等部件过热情况	温度传感器（接触式和非接触式，如红外线温度传感器）
烟雾检测	检测由于摩擦引起的烟雾，预防火情	烟雾传感器（如离子烟雾传感器）
料位检测	监测煤仓料位，防止过高或过低	超声波料位计、雷达料位计
输送带张力检测	监测输送带的松紧度，保持适当张力	张紧器油缸压力或钢丝绳张力传感器，输出频率量信号和模拟量信号
拉线急停开关	为巡检维护人员提供紧急停机手段	沿带式输送机线路布置的急停开关，单侧或两侧设置
堆煤检测	检测输送机卸载点物料堆积情况	带防漏环的煤电极式传感器、偏摆式堆煤传感器及视频模式识别技术
钢丝绳芯在线监测	预防钢丝绳断裂，降低断带发生概率	X 射线探测法、电磁感应分析法
输送带撕裂监测	检测输送带断裂后的相关物理参数变化	撕裂压力检测器、漏料检测器等，包括图像分析软件

表格中的传统的监测方法或多或少都存在一定局限性，而随着智能化技术的发展，视觉检测技术已经被应用于带式输送机的撕裂监测中。

输送带撕裂的表面特征，如明显裂缝、弯曲变形、叠加和跑偏，与完好的输送带表面有明显差异，这为视觉检测提供了依据。

一般来说视觉检测系统主要由图像获取模块、光学检测模块和保护补偿模块组成。图像获取模块利用激光器和取像装置实时传递输送带底面图像至光学检测模块，以进行撕裂特征的在线检测。光学检测模块通过撕裂检测控制计算机和图像采集卡处理获取的图像，检测当前输送带表面是否存在纵向撕裂。一旦发生撕裂，系统将向操作室报警，并在终端显示带有撕裂特征的原始图像。

保护补偿模块使用 LED 光源和带式输送机密封罩，通过 CCD 摄像机抓取清晰稳定的图像。通过对检测图像中光条特征的提取和分析，系统能够有效识别出输送带撕裂事故。当输送带无撕裂时，激光条纹平滑连续；而撕裂发生时，条纹会出现跳跃和断点。

随着井下宽带无线网络的推广，无线传感器的研发和应用正在为带式输送机的监测带来新的发展。这些无线传感器有望提供更便捷的接入方式，增强无人值守系统的功能，提高在线监测的可靠性。总的来说，这些先进的监测技术和方法正在改变带式输送机的安全保护系统，使之更加智能化、高效和可靠。

6.2.7 带式输送机多级联动节能优化控制技术

带式输送机运输系统作为煤矿中能耗较大的系统，传统的生产控制工艺导致了设备空转时间长，能源消耗大。随着智能化技术的发展，通过改变工艺控制模式和采用新技术、新产品，对运输系统进行优化节能运行，对减少能源消耗、降低运行成本、延长设备使用寿命具有重要意义。节能控制技术基于多级联动智能化控制，包括带式输送机的自动监测保护、多机功率平衡控制、自动张力控制和无冲击煤流起动。其控制系统结合节能控制软件平台、现场分布式智能控制设备、驱动设备和监测保护系统。

节能优化控制方案主要有两种：顺煤流起停工艺实现节能优化控制和根据输送物流载荷变化智能调节带式输送机运行速度实现节能控制。顺煤流起停控制原理方法旨在减少设备空转磨损和能耗，通过改变传统逆煤流起车方式，采用顺煤流起车，防止堆煤事故的发生。在每条带式输送机机尾处安装煤流检测装置，顺序完成多部输送带的起动操作。系统正常运行中，通过煤流检测装置检测长时间无煤状态时停止本条输送带运行，直到检测到有煤时再启动，以达到节能效果。

物料运量智能调速的节能原理与方法则侧重于根据不同段物流载荷变化实现自适应调速节能。采用自学习型智能煤流控制模型，通过神经网络算法和遗传算法建立参考模型，实现自寻优控制。通过现场样本数据测定和模型优化，得出煤流量和速度的最佳匹配值。根据优化结果和生产实际，将煤流量划分区间，在不同区间进行优化匹配，实现带式输送机智能分段调速控制。

视频图像煤流识别分析技术和煤流激光测量分析技术是目前的两种主要应用技术。视频图像煤流识别分析技术通过设定检测区域，监测输送带上的煤流量变化，实现起停控制和带式输送机运行速度的自动调节。煤流激光测量分析技术则基于激光测距原理，测算输送带上的煤位高低，勾画出煤流截面图形，从而对输送带运行速度进行智能调控。

带式输送机运输系统的节能控制技术在智能化和自动化方面取得了显著进步。通过有效的煤流监测和智能化的控制策略，能显著减少能源消耗，提高运输系统的运行效率，同时降低运行成本，延长设备的使用寿命。

6.2.8 带式输送机运输系统无人值守控制技术

带式输送机运输系统的无人值守控制技术主要围绕智能化控制和自动化管理进行构建。该系统涵盖了从现场设备监测到远程控制管理的多个层次，包括现场设备层、控制层、传输层以及监控层，旨在通过技术手段实现对煤矿运输系统的全面控制。

在现场设备层，系统主要由各类在线监测传感器及信息处理装置组成。这一层的重点在于提高传感器检测的可靠性和精确判断功能。监测内容涵盖设备运行状态、安全保护数据、视频监控和图像识别，以及设备巡检与安全边界防范等，使用的监测手段包括传感器数据监测、视频图像监控识别和现场音频再现等。现场控制层包括多条带式输送机的现场控制站和智能控制装置。每个控制站都具备独立的控制功能，并能与其他控制站进行上下游级联控制。此外控制站还能与无人值守监控平台进行通信，执行平台命令以完成整体协调和优化处理。

网络传输层则确保通信实时性和可靠性，采用冗余设计构建稳定的网络系统，满足控制、通信、监视和管理需求。网络设计需满足传感器与视频图像监控的传输要求，并具有高实时性以实现安全预警和应急控制。

过程监控层由无人值守监控平台的硬件与软件构成。平台通过利用传感器数据进行智能运算和综合分析，对运输系统设备、环境、安全与运维进行全面监控，实现自动优化运行和故障诊断。

整套系统的关键技术包括控制系统的可靠性设计、应急控制技术、在线监测、故障诊断和预警技术等。控制系统的可靠性设计关注供电电源、通信网络及核心控制部件，而应急控制技术则涉及特殊情况下的安全处理原则和方法，包括不同故障的应急处置。在线监测技术则聚焦于设备运行参数监测、带式输送机故障保护数据监测、视频图像监控识别以及设备巡检和人员安全监测。

云服务平台的远程数据诊断与维护功能为无人值守控制系统提供了数据分析和远程管理的能力。该平台包括运行在线监测、装备数据分析、预检预修决策、故障远程诊断、运行参数优化和程序远程升级等功能模块。通过移动端设备，维护人员可以进行远程监控和故障查看。

6.3 矿井提升机智能控制技术

6.3.1 矿井提升机控制技术及其发展

矿井提升机系统是矿山大型固定设备之一，扮演着井下与地面间主要运输工具的角色。系统由电动机传动机械设备带动钢丝绳及容器在井筒中升降，负责运输矿物、设备、材料及人员。现代矿井提升系统具有大提升量、高速度和高安全性特点，已发展为集机械、电力电子、液压控制、计算机监控、互联网通信于一体的数字化重型矿山机械。

矿井提升机系统发展历程悠久，从最初的蒸汽机传动单绳缠绕式提升机演变到今天的多绳摩擦式提升机。按被提升对象、井筒提升巷道角度、矿山井上下位置、提升容器、提升机类型等分类，矿井提升机系统有多种类型。深井及大载荷时多采用多绳摩擦式提升机，而井深超过 1200 ～ 1500m 时，则推荐使用多绳缠绕式提升机。单绳缠绕式矿井提升机主要部件包括电动机、主轴、卷筒等，而多绳摩擦式提升机则包括电动机、主轴、主导轮等。

随着技术进步，提升系统的控制技术也发生了显著变化。先进的可编程控制技术替代了传统的继电器控制技术，无级变频调速取代了有级串接电阻的调速方式。目前，提升机的运行监控显示由单一指针式发展为计算机多媒体数字、图形、指针综合显示；人工经验维修变为基于计算机互联网的远程数据采集分析及故障诊断专家平台系统。

矿井提升机控制技术的发展趋势体现在多方面。国内外特大型矿井提升设备的生产现状表明，国内外制造商如德国 SIEMAG 公司、瑞典 ABB 公司、捷克 INCO 公司等均生产大型摩擦式提升机。特殊的提升机设备如内装电动机式提升机、布莱尔提升机、应急救援提升机和带辅助传动装置的提升机等也在不断发展。

内装电动机式提升机将机械和电气部分融合为一体，提供了机电一体化解决方案。布莱尔提升机适用于深井条件下的开采，而应急救援提升机能在井筒封闭情况下执行救援任务。带辅助传动装置的提升机能在主传动装置故障或停电时完成应急提升任务。

随着互联网和智能化技术的发展，矿井提升设备正在向自动化、智能化方向发展。自动化技术的应用使得提升系统操作更为简便，智能化技术则通过数据分析、故障预测和远程诊断等手段提升了提升系统的运行可靠性和维护效率。

6.3.2 提升机电气传动技术

矿井提升机电气传动技术核心在于其传动控制、提升工艺及安全保护。矿井提升系统的特点包括多环节、控制复杂、运行速度快、惯性大，且运行特性复杂。

提升机的电动机需满足位能性恒转矩负载特点，包括负载转矩恒定、方向始终向下、特性曲线位于第一、第四象限。重物下放时，重力势能转化为动能，通过钢丝绳、减速机等机械机构反拖电动机，产生能量回馈。直流环节的电能处理包括通过制动单元和制动电阻将能量转换成热能或通过整流桥回馈到电网。

提升机电气传动的技术指标包括调速范围、控制精度、低速重载起动及过载能力。调速范围要求高压变频和直流传动电控设备不小于 30：1，中压变频不小于 50：1。控制精度在等速段应小于 1%，加速段小于 5%，爬行段绝对值小于 0.05 m/s。电动机应具备低速重载起动能力，过载能力不小于电动机额定电流的 180%。

矿井提升机电控调速技术的发展经历了几个阶段。早期采用的是交流电阻有级调速技术，后发展到直流可逆调速技术，该技术具有连续调速性能，但存在复杂性和维护困难等问题。随后，变频技术的应用逐步取代了直流调速技术。

交流变频无级调速技术包括异步电动机的定子变频调速和同步电动机变频调速两大类。异步电动机的变频调速方案适用于不同电压等级的电动机，提供连续调速和优良的机械特性。同步电动机变频调速适合大容量低速提升场合。

不同类型的变频器有各自的应用范围和特点。两电平或三电平低压变频器适用于低压电动机，中压变频器适用于 3.3kV 等级，功率单元串联式高压变频器适用于 6kV、10kV 等级。

提升机电气传动技术未来发展趋势是交流技术替代直流技术，同步传动替代异步传动，永磁励磁技术替代他励励磁技术，以提升系统的性能和可靠性。

6.3.3 提升机电气控制技术

矿井提升机的电气控制技术涵盖提升容器、提升钢丝绳、提升机、井架以及装卸载设备。这些系统负责将井下的煤炭安全地提升到地面，同时与井下工人的安全以及矿井的整体生产效率紧密相关。

提升机的电控系统需满足特定的安全、可靠性要求。系统必须能够在出现任何故障时立即实施机械制动，防止提升机再次启动，直至故障被排除。电控系统的技术性能包括平滑运行和精确度，以及能够实现多种运行模式如全自动、半自动、手动、应急、检修和无人值守。

控制系统广泛采用的可编程控制器（PLC）具有简洁的硬件结构和灵活的软件配置。PLC 技术的应用使得提升机容易实现自动化运行，包括起动、制动和加减速度控制。这些系统能够与矿井的计算机网络联网，实现远程故障诊断。

冗余控制回路是电控系统的一个重要组成部分，通常配置两套控制器：一套负责运行控制，另一套负责运行监视。这种设计保证了在关键环节的多重保护。安全回路的执行机构应是继电器，并且继电器应按断电施闸原则设置。安全回路继电器之间应有动作监控和记录。

　　传感器检测回路用于提供准确、实时的信号采集，这是全数字控制系统精确控制的前提，轴编码器安装在滚筒轴端或导向轮轴处，提供关于位置和速度的反馈数据。井筒开关信号进入主控和监控系统，形成双路保护。

　　新技术的应用包括冲击限制控制技术、闸失灵保护及零速电气安全制动技术、无人值守运行技术和远程诊断技术。这些技术旨在提高提升机的控制精度和运行效率，同时减少故障和事故的风险。冲击限制控制技术限制提升机的变速时弹性振动，闸失灵保护技术则在液压制动失效时提供安全保护。无人值守运行技术使得主立井的提升机在无须人工操作的情况下运行，而远程诊断技术通过物联网和在线检测传感技术实现对提升机的远程监控和故障处理。

第7章 煤矿智能化技术在煤矿安全方面的应用研究

7.1 矿井通风智能化技术

智能通风管控系统主要用于实现矿井主要通风机及风门的远程开停和在线监控,具有系统报警、信息显示等功能[①]。

7.1.1 矿井通风系统的构成

矿井通风系统主要由通风设施和构筑物构成,涵盖矿井主要通风机、局部通风机、风筒、风门、风窗、风桥、风墙、风硐和测风站等。这些设施和构筑物共同形成通风网络,控制井下空气流动,以稀释和排除有毒有害气体和粉尘。

通风系统的通风方式分为中央式、对角式、区域式和混合式。中央式通风方式下,进、回风井均位于井田中央。对角式通风方式中,进、回风井分别位于井田两翼。区域式通风在每个生产区域开凿独立的进、回风井,形成独立的通风系统。混合式通风是以上方式的组合。

通风方法根据风流获得动力的来源不同,可分为自然通风和机械

---

① 吴劲松,杨科,徐辉,阚磊.5G+智慧矿山建设探索与实践 [M].徐州:中国矿业大学出版社,2021:116.

通风。机械通风又分为抽出式、压入式和压抽混合式。抽出式通风通过在出风井安装通风机来排出污浊空气；压入式通风通过在进风井安装通风机将新鲜空气送入井下；压抽混合式通风结合了抽出式和压入式的特点。

矿井通风网络包括串联网络、并联网络和角联网络。串联网络是井下用风地点的回风再次进入其他用风地点，中间无分支的风路。并联网络是两条或两条以上的通风巷道在某一点分开后，又在另一点汇合，中间无交叉巷道的风路。角联网络是在并联风路间增加一条或多条风路与其相连通的风路。

矿井通风系统的任务是在正常生产期间，向井下各用风地点提供足够的新鲜空气，稀释并排除瓦斯等有毒有害气体和粉尘，保证安全生产；调节井下气候，创造良好的工作环境，保证机械设备的正常运转，保障作业人员的健康和安全。在发生事故时，有效控制风流方向及风流大小，与其他措施相结合，防止灾害的扩大，消灭事故。

矿井通风系统的智能化技术包括主要通风机、局部通风机的无人值守控制、风网智能解算、通风设施的智能调节等。这些技术手段的运用可以实时采集分析通风系统的运行信息，检查评估各项通风参数，拟定各个生产时期的最优化风流调整方案，预报通风系统远期运行状态，提高矿井通风管理水平。

智能化监测控制系统能够进行实时数据采集和分析，以及通风参数的检查和评估。系统通过专家系统和决策支持系统，制定灾变时期的风流调度。这样的系统不仅提高了矿井通风管理的水平，而且也为矿井通风系统的稳定、可靠、高效和安全运行提供了基础。

7.1.2 主要通风机无人值守控制技术

目前我国煤矿主要使用离心式、轴流式、对旋式通风机，并在通风机房内配置相同的双套风机系统，实现一用一备的相互备份。传统的风机控制方式依赖现场操作人员根据反馈数据和运行情况进行控制，但存在调节精度低、误操作的风险。为提高控制的可靠性和安全性，降低人为错误，实现高效运行，采用智能化技术实现通风机无人值守控制成为煤矿通风系统的发展趋势。

无人值守控制系统的核心组成部分包括智能控制系统、运行数据在线监测与故障诊断系统、环境与安全监测系统、设备巡检系统、数据传输网络和无人值守控制平台。这一集成系统实现了智能供电、传动控制、智能传感器、视频遥视与图像识别、音频采集、数据分析等多功能，通过调度监控平台实现远程管理与遥控。

智能控制系统的设计采用了主控制器、计算机监控系统作为核心控制单元，并集成智能配电系统、变频传动系统。系统采用双冗余的硬件配置与软件安全控制策略，实现了风机的自动运行、定期自动巡检、自动倒机切换、反风控制、风量自动调节等功能。

运行数据在线监测与故障诊断系统基于物联网技术，主要由数据采集设备和智能传感器构成，实现了对主要通风机系统相关设备的数据采集、状态监测、趋势分析、故障诊断与预警。数据传输网络利用矿井自动化环网，保证了线路故障或中断时不影响风机的远程数据通信与控制。环境与安全监控系统综合了门禁系统、环境监测系统、视频监控系统等多个模块，实现了对风机房环境与设备状态的全面监控。设备巡检系统通过系统自动巡检和人员巡检两部分构成，提高了巡检效率和准确性，确保设备运行安全。无人值守调度平台则成为通风机数据汇聚点与控制的中心，具备了工艺画面监控、三维可视化监控、应急处置、异常报警功能、设备健康诊断等多功能。

控制系统的可靠性设计是基础，包括供电的可靠性、主控单元的冗余设计、网络传输的可靠性等。特别是供电系统的智能化设计，确保了通风机的稳定运行。

7.1.3 局部通风机智能控制技术

煤矿局部通风机的智能控制技术负责抽排煤矿井下局部积聚的瓦斯，改善工作环境，以保障人员及设备的安全生产。目前，局部通风机主要分为轴流式和离心式，其中轴流式因其体积小、操作简便，易于设备串联而广泛应用。尤其在掘进工作面，局部通风机的管理至关重要，因为这里是瓦斯事故、煤尘爆炸事故的高发区。因此，智能化的局部通风控制技术不仅提高了矿井通风系统的安全性、效率和可靠性，还实现了现场无人值守。

局部通风机智能控制系统由供电设备、智能控制器、变频闭环调速装置、风速、瓦斯、一氧化碳传感器等构成。每个掘进工作面通常配备两台局部通风机，一用一备，每台配备隔爆型变频器控制两台电机。智能控制器根据传感器反馈的参数（瓦斯浓度、二氧化碳浓度、风速、温度、粉尘浓度等）调整风机转速以调节供风量，满足矿井通风需求。在主工作局部通风机供风回路故障时，系统能自动切换备用局部通风机，保证工作面的连续供风。

智能化局部通风控制系统特点在于其集成化、网络化的发展方向。隔爆兼本质安全型双电源双变频调速装置集成了两套变频调速器、智能控制系统、传感器采集、远程通信网络接口。它实现了局部通风机双机热备切换、智能通风控制和远程控制与管理等功能。

系统的双机热备切换功能，即两套独立的变频控制系统通过控制器实现双方切换，保证通风机的连续运行。自动切换模式包括主从切换和对等切换，手动切换模式则需要人工介入。智能通风控制根据工作面瓦斯浓度自动调节运行模式，实现自控通风和自控排放，还具备风电闭锁、瓦斯电闭锁、智能降尘等功能。

局部通风机控制系统还具备远程控制与管理功能。当配置上位机单元时，所有操作可以在地面调度室远程自动化控制，实现参数设定、报警和集中管理。对于多个工作面的矿井，通过通信网络实现局部通风机的集中控制和视频监控。

7.1.4 井下风门自动控制与风窗调节技术

井下风门自动控制与风窗调节技术不仅是通风系统的核心组成部分，还在确保矿井安全生产方面发挥着关键作用。风门按使用性质分为控风风门、防火门、防爆门等，驱动方式多样化，包括电气驱动、压缩空气驱动、液压驱动等。风窗则安装在风门或其他通风设施上，通过调节开口流通面积来实现风量调节。

风门的自动化控制系统由控制主机、操作控制设备、人车检测传感器、风门开闭状态传感器、声光报警器、电磁阀和通信设备组成。控制主机由可编程控制器和控制软件组成，与各种传感器和执行器相连，构成了风门控制系统。风门的开闭状态传感器和人车检测传感器监控风门状态并将数据传输至控制主机，从而实现风门的自动开闭控制。

风窗自动调节系统则由可调式风窗、自动风窗电控装置、风速传感器、开度传感器等组成。风速传感器检测巷道风速，开度传感器监测风窗开度，电控装置则负责数据采集和风窗开度控制。系统通过联网通信接口，可以将数据反馈至矿井通风系统集控平台，并根据平台指令调整风窗开度，实现风量的自动调控。

在智能化风门自动控制技术中，每个风门区域配置四个人车检测传感器，并采取竞争方法进行信号选择，以避免两道风门同时开启形成短路风流。风门控制系统具有手动和自动控制功能，可实现远程遥控和自动化集中管理。风窗自动调节技术可根据风量解算结果自动调整风窗，保障各主要用风地点的风量需求，实现全矿井风量的智能化调节。

井下风门和风窗的自动控制与调节技术显著提高了矿井通风系统的效率和安全性。通过智能化控制系统，可以实现对风门和风窗的精准调节，有效分配井下风量，确保矿井内部各工作区域的空气质量，从而为矿井安全生产提供可靠保障。

7.1.5 矿井通风网络智能化调控技术

矿井通风网络智能化调控技术的主要目的是优化矿井的通风系统，保障安全生产的同时实现能源节约。由于煤矿生产的各个阶段对通风量的需求存在差异，特别是在矿井初期开采阶段，通风机设计的余量往往过大，导致在较长时间内风机处于低负载运行状态，从而产生电能浪费。因此，对井下风量进行阶段性调整，使之达到预定要求，避免资源浪费，成为通风网络智能化调控的关键目标。

矿井通风网络智能化调控系统采用全局调控方法，通过建立矿井通风智能监测调控平台，对整个矿井通风状况进行全面监测，并对各风量调节设备进行集中控制。该系统的主要功能包括实时监测通风网络关键位置的通风参数，结合通风网络自动解算模型进行稳定性判定和调风后预估；根据判定结果，对主要通风机、局部通风机、风门、风窗等风网调节设备进行远程自动调控，实现合理通风要求；利用三维仿真软件建立矿井三维通风系统动态模型，模拟各类工况下的通风状况，为风量调控提供依据。

矿井通风网络智能化调控技术整合了通风网络综合监测、风量自动解算与评估、风量自动调控、三维仿真技术等多个方面。它以煤矿通风安全监测数据为基础，根据通风网络自动解算的结果，实现风量的自动调节控制。其中，通风网络综合监测是对所有通风地点的风量、风速、压力、温度、湿度、瓦斯、人员等参数进行实时动态精确测定。风量自动解算与评估部分则是根据矿井通风网络相关参数，对各用风点的需风量进行计算，自动进行通风网络解算。

风量自动调控技术针对通风设施、主要通风机、局部通风机的自动调控进行了优化。对风门、风窗设施的调控可以改变用风地点的风阻，从而改变风量。主要通风机和局部通风机的调控则通过改变其运行工况点来调节风量，以实现节能高效运行。

三维可视化通风仿真技术能够对通风网络进行三维立体显示，直观展示矿井通风系统的状况。这种技术使用计算机图形技术构建矿井三维仿真通风网络模型，实现通风系统的数字化和三维可视化，从而为矿井管理人员和技术人员提供必要的数据支持，辅助通风和生产决策。

7.2　矿井瓦斯防治智能化技术

7.2.1 同位素法瓦斯来源分析技术

同位素法瓦斯来源分析技术用于研究采煤工作面的瓦斯气体来源。这项技术的核心在于采集矿区不同主采煤层的瓦斯样品，并利用同位素质谱仪进行深入分析。其主要目的是准确解析混合气体的来源，为瓦斯抽采量、渗透率及吸附性等参数提供可靠数据，同时也为瓦斯的预防和预测提供理论支持。

同位素法瓦斯来源分析技术的主要分析内容包括：确定不同矿井主采煤层煤层气的成因类型，对目标煤层及其瓦斯中的碳同位素进行精细测试，建立目标煤层及其瓦斯碳同位素的相关性，识别混合瓦斯的气源，并分析混合瓦斯中气源识别的影响因素。该技术还涉及瓦斯气源识别方法的开发与应用，特别是针对抽采气体来源的识别，为工作面可能出现的突出瓦斯气源提供了技术依据。

该技术采用的分析方法主要包括野外调查、资料收集，煤层气碳、氢同位素的测试与分析，煤中碳同位素的测试与分析，以及目标煤层及其瓦斯碳同位素的测试与分析。这些分析方法通过测定煤岩样品中的主要成分及其碳、氢同位素值，进而确定煤层气的成因类型。通过对实际采掘工作面的混合瓦斯气体采样，结合碳同位素分馏理论，可以明确煤与瓦斯碳同位素之间的相关性，进而准确识别混合瓦斯的气源及其贡献比例。

这项技术不仅是矿井地质和煤田地质理论的一个重要补充，也扩展了地球化学理论的应用。通过对采煤工作面正常生产期间涌出的混合气体进行准确、定量的解析，同位素法瓦斯来源分析技术为煤矿的安全生产提供了关键的数据支持，也为瓦斯地质理论的完善提供了理论论据。总体而言，这项技术的应用提高了矿井瓦斯管理的精准度和效率，对预防瓦斯突出和减少能源浪费具有重要意义。

7.2.2 二氧化碳预裂煤层增透技术

二氧化碳预裂煤层增透技术主要用于提升低透气性煤层的瓦斯抽采效率并减少煤层突出的风险。该技术以二氧化碳致裂器为核心，代替了传统的炸药预裂、水力压裂和水力冲孔等技术，有效解决了传统技术的局限性。这些传统技术虽然在矿井瓦斯治理工作中发挥了作用，但存在若干不足：炸药预裂爆破的装药参数及封孔工艺未得到根本解决，审批困难，运输及储存受限；水力压裂方向不可控，易形成新的应力增高区；水力冲孔容易引发巷道瓦斯超限，对下向穿层钻孔煤层增透效果较弱。

二氧化碳致裂器的工作原理是在其储液管内充填液态二氧化碳，并利用加热装置产生热量，使二氧化碳温度升高、压力增大。当压力达到定压剪切片的极限强度时，高压二氧化碳冲破定压剪切片从释放管释放，产生强大的破煤能量。超临界二氧化碳具有高密度和低黏度，易于渗透到煤岩体的孔隙和裂纹中，有利于促进裂隙扩展，从而在钻孔周围形成高透气性、裂隙发育的区域。

二氧化碳致裂器的主要特点包括高安全性、爆破能量可控、主要部件可重复使用和操作简便。储液管采用高强度合金钢制造，可以承受较高压力；液态二氧化碳气化过程吸收热量，降低周围温度；发热装置符合国家标准，不会产生明火或火花；致裂器的电气性能指标符合国家标准，不会引起可燃气体爆炸；释放的二氧化碳体积约为 0.6 立方米，不会引起二氧化碳超限。

在贵州贝勒煤矿的现场试验中，该技术表现出显著的增透效果。采用二氧化碳致裂器进行深孔预裂爆破后，煤体产生大量新裂隙，促使原有裂隙扩展，显著提升了钻孔瓦斯流量和煤层透气性。煤层透气性系数相较于试验前提高了 26 倍，抽采影响半径增大到 4.55 倍，有效地提高了抽采效率。与传统的抽采方法相比，该技术显著减少了钻孔工程量，降低了工程成本，同时缩短了施工周期，提高了抽采效果。

二氧化碳预裂煤层增透技术的应用前景广阔。由于其操作过程安全、预裂后无炮烟、不产生有毒气体，且对巷道稳定性无影响，因此可靠性高。在低透气性煤层中的应用，能显著提升瓦斯抽采效率和煤层透气性，有效减少矿井瓦斯事故的风险。现场试验和数值模拟的结合为预裂爆破的影响半径和抽采效果提供了准确的数据支持。

7.2.3 水力压裂割缝和压裂联合增透技术

水力压裂割缝和压裂联合增透技术是针对深部煤矿开采中低透气性煤层瓦斯治理的一种新型方法。随着煤矿开采的深入，煤层瓦斯压力和含量增加，传统的增透方法如水力压裂和水力割缝单独使用存在局限性。为了解决这些问题，水力割缝和压裂联合增透技术被提出并在实际矿井中进行了试验。

水力割缝是通过高压射流水对煤体进行切割，形成裂缝孔洞，增加单个钻孔的有效影响半径，从而导致煤体原有的应力平衡被破坏，产生更多裂缝。高压压裂水进入裂缝后，可促使弱面裂缝继续起裂、扩展和延伸，最终在钻孔周围形成高透气性、裂隙发育的区域，从而达到预裂爆破的目的。这一技术特别适用于透气性差的煤层，能有效提高瓦斯抽采浓度和抽采效果。

在实际应用中，相较于单独的水力压裂或普通抽采技术，联合增透技术在抽采瓦斯体积分数、累计瓦斯抽采纯量以及瓦斯抽采浓度方面均有显著提高。在白皎煤矿的试验中，采用联合增透技术的煤层群透气性显著增加，卸压范围增大，有效提高了瓦斯抽采浓度和抽采效果。抽采65天后，联合钻孔汇总瓦斯体积分数仍保持在30%以上，而水力压裂和普通抽采钻孔则分别衰减了6.1%和3.7%，钻孔瓦斯浓度衰减明显。累计瓦斯纯量为12891立方米，是水力压裂钻孔的1.33倍、普通抽采钻孔的2.76倍。

水力割缝为压裂提供了导向作用，而压裂则促进区域裂隙的延伸、扩展和相互贯通，从而提高了煤层透气性和抽采效果。水力割缝和压裂联合增透技术能够在低透气性煤层瓦斯抽采过程中取得显著效果，为类似矿井提供了经验参考，展示了良好的应用前景及发展潜力。

7.2.4 瓦斯抽采钻孔测斜技术

在预防和治理煤与瓦斯突出方面瓦斯抽采钻孔测斜技术起了很大的作用。由于煤层瓦斯抽采的重要性，确保钻孔正确布置并严格遵循设计轨迹至关重要。然而，由于各种自然、技术和人为因素，钻孔在实际施工过程中往往偏离预定轨迹，导致抽采效果不佳。因此，钻孔的实时动态测量变得尤为重要，这可以通过使用测斜仪来实现。

钻孔偏斜的主要原因包括力学弯曲和几何偏斜。力学弯曲是由于粗径钻具在钻进过程中受力不均衡而引起的弯曲变形。几何偏斜主要是钻机定位过程中产生的误差，包括角度测量误差、定位方法和钻机定位性能等因素。

钻孔偏斜的规律表明，岩层的岩性差异越大，偏斜程度越严重；在水平或近似水平的煤岩层中垂直钻进时，钻孔倾角变化是主要因素；硬包裹体对钻孔偏斜的影响较大；在变质岩地层中，钻孔顶角和方位角变化与钻孔深度和钻具回转方向相关。

　　为了有效控制和纠正钻孔偏斜，必须准确记录钻孔在每个测点的数据参数，确定钻孔在煤岩中的三维坐标，绘制钻孔轨迹图，并计算不同方向上的偏斜量。除此之外还需要分析影响因素，总结偏斜规律，并采取措施减少外界干扰，提高钻孔合格率。

　　实际案例表明，使用 ZXC2000 矿用钻孔测斜仪对瓦斯抽采钻孔进行测斜，可以有效地测定钻孔的偏移轨迹，从而提高瓦斯抽采效率并更好地了解煤层赋存情况。通过提高测量点的密度和测量数据的精度，可以提高钻孔轨迹的真实性和控制的准确性，这对于煤矿安全生产具有重要意义。

7.2.5 瓦斯流量智能化监测系统

　　瓦斯流量智能化监测系统不仅能够有效地监控和评估瓦斯抽采效果，还能预防煤矿瓦斯突出和爆炸等重大事故。煤矿环境的复杂性和瓦斯抽采过程中存在的多种挑战，如流量变化范围大、水汽和粉尘含量高，对流量测量设备提出了更高的要求。传统的流量计如孔板流量计、涡轮流量计和涡街流量计在煤矿中的应用存在一定的局限性。

　　针对这些挑战，循环自激式流量计的应用成为了解决方案之一。该流量计具有不受管道瓦斯气体水汽和粉尘影响、准确性高、可靠性和稳定性好的优点。它的工作原理是在流体中设置涡流发生体，涡流引出导管的动能产生双向涡流，脉动信号通过信号检测元件产生周期性变化的信号输出。这些信号与抽采管道内的气体流速相关，通过信号处理计算出流量，并实时显示。

　　循环自激式流量计的主要技术特性包括宽测量范围、极小的阻力损失、高测定准确度和便于现场安装。该流量计能够准确检测低于 1m/s 的瓦斯流速，且不受水汽影响，具有防尘防水的优势。

　　在煤矿井下钻场的应用表明，循环自激式流量计能够实时监测瓦斯抽采流量，提供准确的标准流量和浓度数据，分析瓦斯动态抽采量及浓度的变化趋势。这对于评估监测点抽采措施的有效性、调整钻孔和优化瓦斯抽放系统的参数提供了可靠的监测数据。特别是在龙煤集团某煤矿的应用中，CGWZ-100 型流量计与传统的皮托管流量计进行了对比测试，显示出其优越性能，稳定的性能、准确可靠的数据，以及无阻力损失的特点，使其成为理想的瓦斯流量监测仪器。

7.2.6 瓦斯动力灾害实时监测系统

瓦斯动力灾害实时监测系统在矿井动力灾害的预测和预警方面发挥着关键作用。这一系统结合了高速智能处理、低功耗、多通道并行处理等先进技术，使其在煤矿安全监测领域具有显著的优势。系统能够实时采集、存储和传输声发射信号及瓦斯、应力（应变）等模拟量信号，同时具备多通道信号同步、特征参数实时提取和分析、灾害预警等多项功能。

系统的工作原理是通过在线实时监测煤（岩）体内部的声发射信号，分析其特征参数的变化规律、趋势及灾害前兆特征，从而实现对煤岩瓦斯动力灾害的连续预测和预警。声发射监测技术与微震监测技术在原理上相似，区别主要在于它们处理的频谱范围不同。与传统技术相比，微震 / 声发射定位监测技术具有远距离、动态、三维和实时监测的特点，还能够根据震源情况进一步分析破裂尺度、强度和性质。

瓦斯动力灾害实时监测系统的应用前景十分广泛。矿山动力灾害的实质是采掘活动导致的煤岩体快速破裂失稳过程。利用声发射监测技术，可以监控煤岩瓦斯复合动力灾害的孕育过程，并辨识灾变前兆，这为深入理解煤岩瓦斯复合动力灾害的致灾机理提供了新的途径。结合传统的接触式应力、变形、钻屑量、瓦斯放散初速度、瓦斯压力和瓦斯含量测量方法，可以形成煤岩动力过程的多信号响应机理和时空响应规律，进而建立起煤岩瓦斯复合动力灾变的分级预测预警体系。这种研究不仅具有重要的科学意义，而且在工程应用上也有广泛的前景。

7.2.7 矿井智能化瓦斯巡检系统

矿井智能化瓦斯巡检系统是一种综合运用现代信息技术和网络技术的高科技产品，旨在提高煤矿安全巡检的效率和准确性。该系统由信息钮、巡检器、智能光瓦和管理软件四部分构成，实现了巡检过程的自动化和智能化。

系统的工作流程是：巡检人员根据巡检计划，在预定的时间、位置进行检查。巡检器在每个检查点读取信息钮，自动记录巡检时间，并利用智能光瓦测定瓦斯浓度值，数据自动保存在设备中。巡检结束后，将数据传输到计算机，并通过管理软件进行处理和分析，形成完整的巡检报告。

技术上，系统充分应用了电子数据技术，保证了信息的准确性和及时性。巡检数据的自动存储机制杜绝了手工记录模式中的漏检现象，实现了对巡检员和检查点的有效管理。系统还能进行数据统计和分析，提供巡检地点和巡检员的详细分析报告。

瓦斯巡检技术的软件设计包括 Linux 核心板主控单元，气体采样模块，一体化软件界面，以及数据上传、通话调度和摄像功能。该软件能够实时显示和记录气体浓度值，生成历史数据报表和曲线，并在超出预设值时发出声光报警。数据上传模块在无线网络覆盖区域内，可以自动或手动上传数据到井上服务器。

该系统的应用前景广阔。它不仅可以提供准确、及时的瓦斯数据，还能追踪和考核巡检的时效性，建立安全巡检的信息资料库，并生成统计报表和综合分析。通过这种智能化系统，矿井瓦斯巡检管理水平将得到显著提升，从而有效保障矿井的安全生产和矿工的生命安全。

7.2.8 瓦斯抽采达标在线评价系统

瓦斯抽采达标在线评价系统是一套集监测监控、日常信息自动化管理和辅助决策于一体的先进管理系统，旨在提升煤矿瓦斯抽采的效率和安全性。该系统利用现代通信技术、计算机技术和传感技术，实现了瓦斯抽采数据的在线监控、自动化管理和智能评价，大大减少了人为因素在数据记录过程中的错误，增强了数据的准确性和实时性。

系统的核心在于其 C/S 结构，这种结构具有界面友好、交互性强和图形表现能力强的特点，特别适合承载大量数据和进行复杂的用户操作。数据库方面，系统采用分布式数据库存储结构，利用 ADO.Net 作为数据访问方式，以支持大数据量甚至超大数据量的统计和分析。

系统首先通过无缝连接井下抽采系统实时获取各监测点的数据，进行综合分析和计算后过滤出标准化数据。这些数据被存储在瓦斯抽采监控智能评价管理数据库中，该数据库包含矿井基本参数、抽放区域基本参数、抽放管路和设备基本参数以及日常抽放数据等信息。

服务器端程序自动处理过滤后的数据，生成日常报表和统计数据。基于这些数据及矿井基本参数、抽采区域参数、钻孔数据和抽采评价模型，系统对抽采系统进行实时的智能评价和预测，以支持抽采工作的决策。

系统的特点包括：数据自动采集和发布，减少了人为操作错误，提供了准确的数据支持；抽采报表和统计数据的自动生成，促进了管理工作的自动化、精细化和规范化；智能评价功能，为抽采工作的后续操作和系统改进提供了决策支持；对各类抽采数据的统一管理，提高了资料管理的便捷性和信息化水平。

7.2.9 瓦斯地质智能预警系统

瓦斯地质智能预警系统旨在改善煤矿企业在瓦斯地质资料管理、图更新和利用效率方面的问题。该系统基于地理信息系统（GIS）技术构建，实现了瓦斯地质相关数据的集中管理和瓦斯地质图的自动更新。同时，系统采用 Windows Communication Foundation（WCF）技术，实现了跨图形平台的数据共享，增强了系统的灵活性和实用性。

该预警系统基于瓦斯地质学理论，通过对矿井煤层赋存、瓦斯赋存、地质构造等相关海量数据的数字化处理，综合分析矿井瓦斯赋存规律，并预测工作面前方的瓦斯参数，如压力、含量、涌出量。系统自动采集工作面瓦斯监控数据，并分析这些数据与突出灾害的潜在联系，实现对工作面突出危险性的实时预警。

瓦斯地质预警平台的主要组成部分包括 GIS 数据库引擎、智能预警服务、WCF 数据交换服务和 AutoCAD 插件。通过客户端软件，用户可以录入瓦斯地质相关参数，并对瓦斯地质图进行更新。当工作面推进时，客户端通过调用智能预警服务，利用 GIS 数据库引擎获取相关数据，根据预警规则进行分析并发布预警。数据库的建设也是该系统的重要组成部分，基础空间数据库包括地面、井下非煤层和煤层三类要素集。瓦斯地质数据库则存储与瓦斯地质预警相关的信息，如煤层赋存信息、地质勘探信息和瓦斯抽放信息。

为确保预警的有效性和可靠性，建立了一套严格的预警运行保障机制，包括相关制度建设和数据采集、分析的及时性和准确性。该系统要求各相关部门定期录入基础数据，对预警提示进行及时响应，并制定相应措施。

7.2.10 煤与瓦斯突出灾害监控预警系统

煤与瓦斯突出灾害监控预警系统是一项重要的国家研发项目，旨在防治瓦斯突出灾害，保障矿井安全。该系统综合了突出灾害防治工艺、监测技术、预警分析软件和联动控制平台，实现了矿井内瓦斯突出灾害的在线监测、实时分析、智能预警和联动控制。

系统基于数字化平台，集中存储矿井的煤层赋存、瓦斯赋存、地质构造和井巷工程信息。通过井下工业环网和移动互联网，结合多种传感器和监测设备，如瓦斯传感器、风速风向传感器等，实现了瓦斯浓度、风速风向、工作面进尺等数据的准确采集、传输和存储。

监控预警系统通过专业分析软件处理这些数据，对各种安全信息进行分析和预警指标计算。基于预警规则，系统能够对工作面的突出危险程度进行准确判定，并通过多种方式（如网络、短信、声光报警等）发布预警结果。系统还能启动预警响应机制，实现与电力监控、人员定位等系统的联动控制。

煤与瓦斯突出灾害监控预警软件系统采用组件式架构，由多个专业分析子系统组成，包括瓦斯地质四维分析系统、钻孔智能设计与轨迹在线监测分析系统、瓦斯抽采达标评价系统等。每个子系统既可以单独运行完成特定功能，也可以与其他子系统联合运行，实现综合管理和预警功能。

该系统的自动化程度高，保证了数据的及时性和可靠性；预警准确率超过 85%，与实际矿井状况高度吻合；技术与管理高度融合，实现了地质与瓦斯赋存、采掘部署、措施设计与施工、监督与效果评价、预测预报与监控等全过程控制；并且具有针对性，根据实际矿井状况定制预警解决方案。预警系统功能模块包括系统文件配置、突出预警、监测数据分析等，实现了全面的数据管理和分析。

7.2.11 千米定向钻机的应用

自 20 世纪末以来，中国引进了国外生产的近水平千米定向钻机，并在多个煤炭集团公司进行了应用，尤其在高瓦斯、煤与瓦斯突出矿井的瓦斯抽采中发挥了重要作用。基于国外技术，中国煤矿井下近水平定向长孔钻机的研发迅速发展，开发出了可进行随机测量和精确控制钻孔轨迹的长距离定向钻孔系列产品，这些产品在瓦斯抽采、地质构造探明等方面取得了显著成效。

在定向钻进技术方面，早期开发应用的稳定组合钻具定向技术在美国、法国、英国和澳大利亚已有超过五十年历史。这种技术虽成本低、结构简单，但在钻孔方位的控制上存在局限。相比之下，孔底马达随钻测量定向钻进技术能够实现更精确的钻孔轨迹控制。中国从 2005 年开始对该技术进行研发，逐步从单点测量发展为随机测量，实现了连续造斜和钻孔轨迹的精确控制。

定向钻进技术的配套装备包括定向钻机、随钻测量系统、孔底马达和配套钻具。定向钻机具有远距离操作、自动化程度高等特点，而随钻测量系统则是数据处理和管理的关键，通常由硬件和软件两部分组成。孔底马达作为钻头切削煤层的动力来源，在煤矿井下定向钻进施工中至关重要。

国内的定向钻机技术已在多个矿井推广应用，取得了显著进展。但与引进的产品相比，国产长孔钻机 ZDY 系列产品在性能指标上还有差距。未来，国内煤矿井下近水平定向钻进技术与装备将在无线随钻测量技术、智能钻井系统开发、孔口加固和事故处理等方面取得新进展，以更好地服务于煤矿安全生产。

7.3　矿井火灾防治智能化技术

7.3.1 采空区防自然发火综合预警系统

采空区防自然发火综合预警系统主要用于煤矿安全管理，特别是在防范采空区自然发火方面。该系统通过对采空区的温度和标志性气体 [如一氧化碳（CO）、甲烷（CH_4）、乙炔（C_2H_2）、乙烯（C_2H_4）、氧气（O_2）等] 进行原位在线监测和分析，实现对工作面开采安全和自然发火预警的实时监控。这一系统对于识别和评估采空区煤层自燃隐患的发生及其发展趋势提供了关键的技术支持。

采空区防自然发火综合预警系统的主要特点包括全光纤技术的应用、原位监测能力、多参数检测、本质安全设计、高可靠性、广泛的检测量程、远距离传输能力、快速响应及良好的抗电磁干扰性能。这些特点使得该系统在煤矿井下工作面、回风系统、进风系统以及采空区等自然发火关键区域的应用中表现出色，有效提升了矿井安全管理水平。

7.3.2 束管监测系统在防灭火中的应用

JSG-7 束管监测系统是一种高效的矿井气体监测系统，主要用于煤矿火灾的早期预防和处理。系统能监测 16 到 32 路气体，包括 CO（一氧化碳）、CO_2（二氧化碳）、CH_4（甲烷）、C_2H_6（乙烷）、C_2H_4（乙烯）、O_2（氧气）等，对采空区、上隅角等区域的气体情况进行准确及时的分析，有效预防煤层自然发火和煤炭自燃事故。

JSG-7 系统基于微机分析与控制，利用红外线连续分析、色谱高精度分析、束管负压运载气体等新技术开发。工作时，系统启动抽气泵形成束管内的负压，将井下气体吸入束管并送入红外线分析仪和色谱仪进行检测。检测结果经过微机处理后，以图表和数据形式显示和打印。

系统的主要技术指标包括一次进样完成对多种有害气体的全分析，最小检测浓度微量分析低至 $0.1×10^{-6}$，常量分析不大于 0.01%，监测路数不低于 16 路，可扩展至 32 路，井下管路最大采样距离不小于 25 公里。色谱仪具有快速加热降温能力，开机时间不大于 30 分钟，关机时间不大于 1 分钟，全组分分析时间不大于 3 分钟。

JSG-7 束管监测系统的主要技术参数包括气相色谱仪和红外线气体分析仪的检测限和最小检测浓度等。系统能够分析 CO、CO_2、CH_4、O_2、C_2H_4、C_2H_6、C_2H_2、N_2 等八种气体，为自然发火预报提供指标数据。

系统 24 小时连续监测井下气体并通过井下取样进行地面分析化验，具有稳定、功能全面、自动化程度高、灵敏度高等优点。在煤矿防灭火管理工作中，尤其是对采空区、回风巷、采煤工作面及上隅角等易发火地点的监测，JSG-7 束管监测系统发挥着关键作用，极大提升了煤矿的安全管理水平。

7.3.3 注氮技术在矿井防灭火中的应用

注氮技术在矿井防灭火中的应用是一种通过向火区注入氮气来达到防灭火目的的技术。由于氮气能够充满整个空间，并有效减弱或扑灭明火，以及抑制隐蔽火源的燃烧，这项技术在煤矿中尤为重要。尤其在采空区与上层采空区坍塌贯通后，注氮方法能有效降低氧含量，从而阻止老空遗煤自燃。

注氮防灭火的原理基于氮气的物理特性：氮气是一种比空气略轻、无色、无味、无毒的不可燃气体。它对于振动、热、电火花等都是稳定的，无腐蚀作用，也不易与金属化合。注氮可以有效地抑制空间内的氧气含量，降低火灾发生的概率，且在使用过程中不损坏井巷设备，有助于灾后恢复工作。

注氮防灭火的特点包括：氮气比空气略轻、输送方便、无水灭火、不损坏设备、使用安全、投入防灭火速度快、灭火速度快、能提高火区内气体压力、对火源降温效果较差。在采用氮气防灭火时，需确保氮气源稳定、浓度不小于 97%，有专用的输送管路及附属安全设施，能连续监测采空区气体成分变化，并有固定或移动的温度观测设施。

注氮防灭火的基本原则和指标要求包括：氮气源的稳定性、氮气浓度、专用输送管路系统、采空区气体成分的连续监测、温度观测设施、专人定期检测及分析等。注氮方式分为开放性和封闭式两种，分别用于不同的火灾情况。注氮防灭火方法主要是埋管法，通过在工作面采空区注入氮气来达成灭火目的。同时，采空区进行封闭堵漏措施，以及建立地面束管监测室进行数据分析，是实现有效防灭火的关键环节。

注氮技术在矿井防灭火中的应用前景广阔。它能预防采空区的自燃，防止火灾蔓延，提高矿井抵抗火灾的能力，减少资源浪费，并延长矿井的开采寿命。特别是对于自然发火矿井，注氮技术为自燃前期预报和火灾快速控制提供了有效的方法。通过深部注氮，可以显著降低采空区的氧浓度，对正压通风矿井还能起到隔绝漏风的作用，这对于矿井防灭火管理具有重要意义。

7.3.4 智能注浆监测系统在防灭火中的应用

智能注浆监测系统在煤矿防灭火中的应用主要是为了提高自动化程度，优化注浆灭火工序，并对注浆站注浆量进行有效分配，以增强矿井的生产效率和安全性。这种基于计算机远程监测的系统能够实时处理跑浆、漏浆等问题，并及时报警，同时对灭火过程中的注浆量进行准确的统计和计算。

智能注浆监测系统的硬件结构包括地面上位机系统和井下多个注浆分站系统。在井下注浆点设有监测分站，用于监测注浆密度和量，而地面监测分站则负责监测地面注浆站的相应数据。通过专用总线和通信监测系统，监测数据被传输到地面控制中心进行处理。

地面主站的主要功能包括收集处理井下监测分站的数据，建立查询、存储及报表打印机制。该系统通过比对井下和地面数据，计算出可能的阻塞、漏浆、跑浆等问题，并通过 Web 发布功能，将信息实时发送到矿企局域网，供技术人员和管理者进行监测和分析。

井下监测分站的硬件结构包括多个电路部分，如断电保护、显示键盘、时钟电路、A/D 转换电路和 CPU 电路，它们通过 RS485 总线相连。该系统提供注浆全过程监测，能够实时存储注浆记录、浓度瞬间值和实时注浆量，并对跑浆、漏浆问题进行实时报警。

这一系统弥补了传统注浆站的缺陷，提高了火灾扑救能力，增强了事故发生后的灭火效果，同时降低了工人的劳动强度，节约了企业资源。通过实时全程监测，保证了注浆灭火防御体系的完整性和可靠性，为煤矿企业提供了一种有效的火灾防控手段。

7.4　矿井粉尘防治智能化技术

7.4.1　粉尘在线监测系统

煤矿粉尘问题既是工人健康的重大威胁，也潜藏着爆炸的风险。因此，生态环境部和国家煤矿安全监察局特别重视煤矿粉尘的管理，并制定了严格的粉尘排放标准。为了有效监控作业现场的粉尘浓度，提高环境质量和保障人身安全，开发了在线式粉尘浓度监测系统。

在线式粉尘浓度监测系统 LBT-FM 主要由粉尘浓度传感器、仪表、报警器和电源箱组成。系统能够实时检测作业现场的粉尘浓度，并及时发出报警，帮助企业实时掌握现场粉尘浓度状况。粉尘浓度传感器技术特点见表 7-1。

表 7-1　粉尘浓度传感器技术特点

特点	内容
额定工作电流特性	额定工作电流小，减轻现场总电源负担
输入电压适应性	输入电压范围宽，12 ～ 24V DC
直接读取能力	可直读空气中粉尘颗粒物质量浓度
检测原理与数据处理	利用光散射原理检测粉尘，微处理器数据处理
调校方式	采用红外遥控调校传感器，不开盖调节
信号输出与远距离传输	支持 0 ～ 5V、4 ～ 20 mA 电流信号输出，200 ～ 1000 Hz 输入

粉尘浓度传感器的主要技术参数见表 7-2。

表 7-2　粉尘浓度传感器主要技术参数

参数	内容
测定原理	光散射原理
测定对象	煤矿井下含瓦斯或煤尘的粉尘质量浓度

续表

参数	内容
测量误差	$\leq +10\%$
测量范围	总粉尘浓度测量范围：$0 \sim 1000$ mg/m³
显示方式	四位 LED 数码管
信号输出选项	$0 \sim 5$V、$4 \sim 20$ mA，可选 RS485 通信
工作电压	$12 \sim 24$V DC
工作电流	≤ 56 mA
采样流量	2 L/min

系统在工作面的布置要求粉尘浓度传感器安装在距工作面 $20 \sim 50$m 处，固定在巷道顶部，进气口面向风流方向。这样布置可以确保精确、及时地测量工作面的粉尘浓度，及时发现并处理粉尘浓度的趋势变化。通过这种监测系统，可以有效降低粉尘对工人健康的威胁和爆炸风险，对于煤矿安全生产具有重要意义。

7.4.2 红外线自动净化水幕

红外线自动净化水幕除尘装置是一种高效的矿用自动喷雾除尘设备，采用模块化设计，内置液晶显示和人机交互功能。它通过与红外线传感器、触控传感器、红外热释传感器、循环定时控制模块等的配套使用，实现了一机多能的效果，具有广泛的应用前景，尤其适用于井下大巷、运输巷、回风巷、采煤机支架等多种矿井环境。

该装置的核心在于其智能化的控制系统。通过在综采工作面设置多个喷雾点，通常在每 3 到 4 个支架上安装一道喷雾装置。当采煤机移动到装有传感器的支架处时，传感器便接收到信号，并驱动电磁阀打开，开始喷雾工作。这种智能化的响应机制，使得喷雾工作能够在需要时自动启动，从而有效地控制了煤矿作业过程中产生的大量粉尘。

传统的喷雾系统往往长时间运作，造成水资源的极大浪费。而红外线自动净化水幕通过实时自动喷雾，极大地减少了不必要的水资源消耗，提高了水的利用率，达到了约 80% 的效率提升。这种节水模式还促进了矿井的文明生产和标准化作业。

该装置也大幅减少了人力和管理成本。在以往的作业中，每个喷雾点都需要专人进行开启和关闭，管理繁杂且成本较高。红外线自动净化水幕的应用，实现了无人操作和管理自动化，不再需要专人负责开关，从而节省了大量人力和管理成本，同时也便于统一管理。

更重要的是，红外线自动净化水幕为改善矿井作业环境和提升安全水平做出了显著贡献。它通过有效的除尘，净化了各作业地点的空气环境，消除了由煤尘引发的安全隐患，减轻了安全工作的压力。这种先进的防尘技术对超前防范煤尘爆炸起到了积极作用。同时，它也显著减少了粉尘对工人的危害，大大降低了尘肺病的发生概率，提高了矿工的工作环境和健康水平。

7.4.3 煤体动压注水技术

煤体动压注水技术是通过在煤层中注入压力水和水溶液来增加煤层的水分含量，改变煤的物理力学性质。这种技术不仅可以减少煤尘的产生，还能有效降低冲击地压、煤与瓦斯突出和自然发火的风险。

煤体内部存在着大小不同的裂隙和孔隙，其中大的裂隙直径可达数毫米，而微孔直径小于 100 纳米。水在这些孔隙中的运动形式不同，包括渗透运动、毛细运动和分子扩散运动。当向煤体注水时，由于压力差，水首先在裂隙和大孔隙中移动，这一阶段的渗透运动虽然能够增加煤体的湿润性，但其范围有限。随后，水在毛细力作用下进入较小的孔隙中，通过表面吸附和湿润作用进一步扩散到煤的微孔中，从而实现了煤层的均匀和充分湿润。

动压注水可以在煤层中形成人工空腔、槽缝和裂缝，或扩大已有的裂缝，增加煤体的渗透性和润湿性。脉动注水方式的压力是周期性变化的，这种脉动高压可以使裂隙不断贯通、扩大，并增加煤体的润湿范围。这种"膨胀－收缩－膨胀"的反复作用最大限度地改变了煤体的力学性质，扩展了裂隙和孔隙，增加了煤体的吸水量。这种方法还有助于释放高压瓦斯，减少煤体中的瓦斯含量，从而达到防止煤与瓦斯突出的效果。

动压注水技术通过增加煤体的湿润度，可以降低煤体的强度和脆性，从而减少采煤过程中煤尘的产生。这种方法还可以将煤体中的细尘粒子黏结为较大的尘粒，失去飞扬能力，达到减少粉尘的目的。

煤体动压注水技术不仅能有效减少煤尘的产生，减轻工人的健康危害，还能降低冲击地压和煤与瓦斯突出的风险。动压注水技术也有助于减少煤层自然发火的概率，为煤矿安全生产提供了一种有效的技术手段。

7.4.4 新型降尘剂的应用

煤矿行业在追求更高效的生产过程中，一直面临着粉尘管理的挑战。传统的清水喷雾虽然在一定程度上能够降低粉尘浓度，但其效果受到粉尘的粒径、湿润性、荷电性等多个因素的限制，尤其对呼吸性粉尘的控制效果不足。为了克服这些限制，研究人员开发了新型降尘材料，这些材料通过将抗静电性、润湿性和发泡性等多种功能性组分结合起来，在喷雾降尘过程中能够发挥协同作用，显著提高了降尘效果。

新型降尘材料的研发方向包括湿润剂、起泡剂、黏结剂等，且已经在降尘效果方面取得了一定的成效。现有的降尘材料在添加量大、成本高等方面仍有待改进。新型降尘材料正是为了解决这些问题而被开发出来的，它们不仅减少了使用量，还降低了成本，同时提高了水雾颗粒与粉尘微粒结合的能力，从而提高了喷雾降尘的效果。

在应用工艺方面，新型降尘材料的添加量相对较低，与防尘水的添加比例通常在 0.08% 以下。这种材料的使用配合了简便的设备安装，使得它们可以直接接入矿井的现有防尘供水系统。在实际应用中，新型降尘材料被添加到喷雾系统中，与防尘水混合后，通过专用的喷雾设备进行喷洒。这些设备设计简单，易于操作，使得作业人员可以根据现场情况方便地控制设备的开启和停止。

应用结果显示，新型降尘材料在各地矿井综掘工作面的应用取得了显著的降尘效果。河北某矿在使用新型降尘材料后，全尘质量浓度从 389mg/m³ 降至 105mg/m³，降低了 73%。山东某矿在添加新型降尘材料后，全尘质量浓度和呼吸性粉尘质量浓度分别降至 88.7mg/m³ 和 26.5mg/m³，分别降低了 74% 和 90%。四川某矿在应用这种材料后，粉尘全尘质量浓度比清水喷雾时降低了 58%。这些结果表明，新型降尘材料在降低粉尘浓度方面远优于传统的清水喷雾方法。

新型降尘材料的技术优势在于其能够显著提高喷雾效果和降尘效率。这些材料通过水表面改性、泡沫化水雾、降低水雾与粉尘间的静电排斥等多种方式，提高了水雾与粉尘颗粒的结合能力。相比传统的清水喷雾，新型材料能够将粉尘全尘质量浓度降低 50% 至 75%，呼吸性粉尘降低约 80%。

7.5　煤层气地面抽采技术及应用

7.5.1 煤层气抽采概述

煤层气，也就是瓦斯，是一种在煤层中生成并储存的天然气，主要成分为甲烷。我国煤层气资源丰富，据统计，42 个聚煤盆地的地质资源储量约为 36.8 万亿立方米，位居世界第三。煤层气的开发与利用不仅对煤矿安全生产至关重要，而且是一种清洁能源，有利于环境保护和能源结构的优化。

我国煤层气抽采技术发展经历了较长的过程。早期的瓦斯抽放主要是为了井下安全，直到近几十年来，煤层气作为一种能源才得到重视。在1733年，英国开始了瓦斯抽放和管道运输技术的应用，但直到19世纪后半叶，瓦斯抽放才真正成为提高煤矿安全的重要手段。1943年，德国鲁尔煤田在短时间内抽出大量瓦斯，标志着工业化瓦斯抽采的开始。1964年，美国开发了地面直井＋井下水平长钻孔技术，有效提高了煤层气的开发效率。

在国内，20世纪30年代抚顺龙凤矿开始进行工业性的瓦斯抽采试验，并在1952年建成了我国第一座连续抽采瓦斯的泵站。煤层瓦斯抽采技术最初被视为煤矿安全生产的补充手段。随着技术的发展和煤矿工艺特征的结合，形成了本煤层抽采、邻近层抽采和采空区抽采等多种典型的井下瓦斯抽采工艺。长期以来，井下瓦斯抽采一直是我国煤矿安全生产的技术保障之一。

20世纪70年代以来，煤层气地面井技术在北美和澳大利亚等地得到了快速发展，诸如直井技术、斜井技术、水平井技术和多分支井技术等，各具其特点。而我国在20世纪80年代开始引入国外煤层气地面井技术，但由于我国煤层气储层赋存特点与国外存在差异，这些技术并不完全适用于我国情况。这促使国内研究人员和工程师开发出具有中国特色的煤层气开发技术，如井上下联合抽采技术、多靶点对接高效抽采技术等。

山西沁水盆地的地面煤层气开发技术和阳泉矿区的井下瓦斯抽采技术，代表了我国煤层气抽采技术的发展水平。山西沁水盆地的技术实现了煤层气产量的稳步提升，而阳泉矿区的技术以提高瓦斯抽采效率为目标，为矿井安全生产提供了强有力的技术支撑。这些技术的发展和应用，不仅促进了煤矿安全生产，还为我国民用天然气供应做出了重要贡献，是我国能源结构优化和绿色能源开发的重要组成部分。

7.5.2 地面煤层气抽采技术分类

地面煤层气抽采技术的发展为我国煤矿安全生产和能源结构的优化提供了重要支撑。这些技术主要包括开发未开采煤层中的煤层气（预抽井）、抽采生产煤层区内煤层气（采动井）和抽采煤矿采空区内煤层气（采空井）等。煤层气地面井排采技术的选择涉及井型设计，包括垂直井技术和水平井技术，以及多种衍生的井型如丛式井、洞穴井、径向井等。

垂直井技术以其低成本、简单工艺、易于维护等优点被广泛应用，尽管单井产气量较小，但通过优化井位设计和井场布置，可有效实施。垂直井的关键步骤包括设计井位、布置井场、钻井、固井、测井、射孔、压裂、排采、集输和处理等。压裂尤其关键，它能改善煤层的导流能力，提升产量。

水平井技术在中国较早应用于常规油气井，其后在煤层气开发中得到推广。水平井通过最大限度沟通煤层裂隙系统，增加泄气面积，从而提高单井产量，减少钻井数量。这项技术适用于地质条件良好、渗透率高的煤层。与垂直井相比，水平井虽投资大，但产量大、抽采率高。

除了这两种主流技术，还发展了多种井型技术。分支井技术可以是新井或通过老井侧钻形成，主要应用于孤立区块、渗透率异性较强的储层。多分支水平井（羽状水平井）技术，通过多个分支井增加泄气面积，提高单井产量。丛式井技术则集中钻井于一井场，节约土地资源，便于管理和数据监测。

各种井型的组合可能实现高效抽采，例如采动区地面 L 型井与井下采空区抽采联合，地面直井抽采井下采空区瓦斯等。因此煤层气抽采技术的选择需根据具体地质、地形条件因地制宜，以实现抽采效率和经济效益的最大化。煤层气抽采技术不仅对我国煤矿安全生产至关重要，也是优化能源结构、发展清洁能源的重要途径。

7.5.3 地面煤层气抽采智能监控

煤层气开发中的地面智能监控技术以其高效和精确性在现代能源工业中发挥着重要作用。这些技术主要通过直接和间接的方法来监测井下的关键参数，如储层压力、井底流压、目标层温度、排采流体速率以及储层渗透率。这些监控手段对于提高煤层气的开采效率、确保安全生产以及提高采收率至关重要。

直接法关键参数测试主要使用电子式和光纤系统监控温度和压力。电子式系统使用高稳定性金属材料作为传感器，适用于煤层气开发的各个阶段，包括试井、钻井、完井、固井、排水采气、压裂测井等。这些系统能够提供准确和实时的数据，有助于判断煤层气井之间的连通情况、煤层的非均质性以及不同开发阶段的煤层中液体分布情况。金属压力传感器因其耐脏污、耐腐蚀、耐潮湿性强，可长期置于井下，避免了频繁拆装，从而降低了维护成本。

光纤煤层气井下温度压力监测系统则采用光纤材料作为传感元件，可以实时准确地反映压力和温度的动态变化。光纤系统具有温度适应性强、化学稳定、抗电磁干扰等特点，使其适用于煤层气开采过程中的多个环节。由于光纤本身既是传感元件又是传输设备，系统结构简单，不引入电信号，确保了监测过程中的安全性。

间接法关键参数测试，如毛细管压力监测技术，也是一种有效的测试手段。它通过在地面和井下分别部署设备来间接测量井底压力。这种技术的核心包括系统封闭性连接技术、压力传感技术、数据采集及控制技术。毛细管测压系统的基本原理是帕斯卡定理，即加在密闭液体上的压强能够大小不变地由液体向各个方向传递。毛细管测压技术在提供高精度的同时，还允许灵活的数据采集和远程控制。

随着煤层气田中各监测点分布的分散和距离的远，多点集中监控和综合化管理变得越来越重要。通过无线数据采集、互联互通、集中控制、远程在线监测等手段，实现了井田监测的集群化，达到了无人值守监控的目的。这不仅提高了监控的效率和准确性，还大大降低了人工操作的需求，提升了整个煤层气开采过程的安全性和经济效益。

第8章 煤矿智能化技术在选煤方面的应用研究

8.1 选煤智能化技术基础

煤炭净化的目标是去除原煤中的杂质和矸石，以减少无效运输。这一过程旨在降低灰分和硫含量，从而提升煤炭的整体质量。净化煤炭能够生产出多种质量等级和类型的煤炭产品，以满足不同用户的需求，并减少燃煤对大气环境的污染，实现煤炭资源的合理和高效利用。

煤炭净化是洁净煤技术主要采用的净化方法包括重力净化、浮选净化、风力分选和特殊净化等。在我国，重介质和跳汰分选是最常见的净化手段。由于重介质净化技术适应范围广、处理粒度范围广泛、分选效率高、易于实现自动化控制、单机处理能力强等优点，近年来已成为主流净化方法。风力分选也正逐步成为我国尤其是水资源匮乏地区的重要净化手段。本文主要围绕重介质净化方法介绍煤炭净化的智能化技术。

目前我国煤炭净化率已超过 65%。随着净化处理能力的提升，国内煤炭净化的自动化和智能化水平也实现了显著进步。在煤炭净化厂的集中控制、净化过程控制、机电设备在线监测与故障诊断、节能监控等方面，均取得了显著成果。

8.1.1 智能化选煤技术的软硬件基础

选煤智能化技术基于自动化控制，整合了现代信息技术、计算机及网络技术，构建了选煤厂的智能管理系统，实现生产过程的实时监控和智能化管理。这一系统的核心是可编程控制系统和工业控制计算机，负责数据采集、处理和网络通信。PLC 控制系统由主机及其连接的 I/O 模块组成，用于控制复杂工艺过程，如浓度、压力、流量等数据采集。工业控制计算机具备数据处理、存储、展示功能，通过组态软件实现选煤厂所有设备的集中控制与显示。

工业自动化监控软件 SCADA 系统包括工控组态软件、数据库软件和选煤厂应用软件。工控组态软件提供了二次开发平台，允许工程人员根据选煤工艺进行画面组态和项目管理，实现集中监控和管理。数据库软件既包括实时历史数据库软件，又包括关系型数据库软件，用于构建选煤生产信息化的数据库平台，提供可靠的历史数据信息。

智能传感器和执行机构是实现智能化选煤的关键部件。传感器包括煤位检测传感器、重介悬浮液密度检测、压力传感器等，关键于监测选煤过程中的各项指标。执行机构包括电机、各种阀门、液压执行机构等，用于物理操作和流程调整。所有传感器都需适应强粉尘的工业环境，并满足测量精度要求。

随着物联网、云计算、大数据等新一代技术的发展，建立了选煤物联网、云计算、大数据平台，用于选煤生产、管理和销售的智能决策。在选煤厂传统自动化控制的基础上，利用物联网和移动互联网技术实现了远程在线监测、故障诊断与远程维护，使设备提前预检预修，避免较大事故的发生。利用云计算和大数据分析技术，建立了选煤厂优化控制模型，实现节能减排、高效生产、无人值守控制。

除了上述的软硬件基础外，选煤厂的智能化水平还体现在装备上，如粗煤泥分选机、浮选机、压滤机等智能装备。变频器、软启动器等电气驱动装置也是构成选煤厂智能化的基础部件，其广泛应用进一步提升了选煤厂的智能化水平。通过这些先进技术的应用，选煤工艺实现了自动化和智能化的飞跃，推动了整个行业的现代化进程。

8.1.2 选煤厂智能控制系统结构

智能化选煤系统通常采用三层结构形式，以实现选煤工艺的高效自动化和智能化管理。该结构包括现场控制层、逻辑控制层和上位监控层，各层具有不同的功能和责任。

第一层是现场控制层，由现场仪表、传感器和控制元器件组成。在这一层，传感器和仪表负责采集现场信号，如温度、压力、流量等关键参数，然后将这些信号上传到上位机监控系统。执行机构在这一层执行上位操作者发出的指令，实现远程控制和调整，如调节阀门开度、启停设备等。

第二层是逻辑控制层，主要由可编程逻辑控制器（PLC）及执行机构构成。在逻辑控制层，PLC根据从现场反馈的信号和数据进行逻辑运算，自动控制执行机构的动作，以满足选煤工艺要求。同时，这一层也与上位监控中心进行数据交换，执行远程调度中心的指令，从而实现远程调度操作。

第三层是上位监控层，包含工业以太网交换机、监控操作站（上位机）、打印机、视频服务器、视频控制器、工业电视监控系统、DLP大屏幕显示系统和调度电话系统等。该层通过上位机与PLC通信，实时监视现场设备状态并实现控制。工业电视显示现场实际设备运行情况，配合上位机界面和工业电视了解实际情况。根据实际还需要通过调度电话对生产进行调度，实现集中监控与管理。

整个智能化选煤系统的运作高度依赖于这三层的协同工作，确保选煤工艺的自动化和智能化管理，从而提高生产效率、保证产品质量、降低能耗和减少人为错误。通过这一系统的实施，选煤厂能够实现更高水平的生产管理和控制，以应对不断变化的市场需求和生产环境。

8.1.3 选煤智能化控制主要功能

选煤智能化控制系统的主要功能涵盖了从设备的集中控制到生产管理、监控以及视频监控的全方位功能。这些功能的综合应用大幅提高了选煤厂的生产效率、质量控制、设备管理和总体运行的智能化水平。

设备集中控制功能是智能化选煤技术的基础，它包括设备的集中启停控制、运行闭锁和工艺参数控制等。通过集中控制，不仅可以实现设备的自动控制和生产工艺参数的自动调节，保证产品质量和稳定性，还能通过计算机网络技术综合分析企业运营中的问题，为管理者提供高效的决策支持。

选煤过程控制功能是智能化选煤的核心，直接关联到提高效益。这一功能涵盖重介分选、粗煤泥分选、浮选过程、煤泥水处理和桶位自动控制等多个方面。特别是在重介分选和粗煤泥分选中，智能控制确保了分选密度的准确控制，从而提高了分选效率。浮选智能控制和煤泥水运行智能控制则注重提高处理效果，同时降低药剂消耗。

生产管理功能方面，智能化选煤系统能实时监控生产状况，对主要工艺参数进行统计分析，形成变化趋势和历史曲线。这不仅提供了重要的生产决策支持，而且通过记录和累计设备运行时间，提供了生产运行管理所需的数据。

设备运行监控功能则通过组态监控画面对设备运行进行监控，能够实时显示数据和曲线，为操作员提供简单、灵活方便的操作体验。这一功能不仅提供了全面的报警监测和管理，还能够对设备状况进行数据分析，实现预先检修，避免故障发生。

视频监控功能为选煤智能化控制增加了一个重要维度，通过远程Web 视频监控系统，管理者和操作人员可以直观地了解现场设备的运行情况，及时识别和处理生产过程中可能出现的问题。

8.2 选煤厂集中控制系统分析

选煤过程作为典型的流程工业活动,涉及繁多且复杂的生产环节,如原煤的处理、筛选、分离、脱水和运输等。这一过程不仅依赖于众多的机械设备,还需要这些设备在整个生产周期内保持高效可靠的运行以确保分选过程的顺利进行。选煤的生产流程需要各类设备按照既定的工艺顺序协同作业,同时对生产中的各项关键工艺参数进行实时监测和调整,以保证其处于合理的运行范围内。

传统的人工操作和监控方式在选煤生产中存在种种局限,如人员需求多、劳动强度大、生产效率低,且难以确保设备的安全运行和理想效能发挥,从而影响到生产指标的达成和经济效益的最大化。为了克服这些限制,采用选煤厂集中控制系统成为了一种有效的解决方案。

选煤厂的集中控制系统通过先进的上位软件实现对全厂设备的远程控制和监视,不仅优化了整个选煤生产过程,还显著提升了设备的运行效率,减少了工作岗位和人员需求,降低了生产事故的发生率,并节约了电能消耗。

8.2.1 选煤厂集中控制系统设计原则

由于选煤工艺流程的连续性和设备间的强制约性,这种控制系统的设计必须综合考虑多种因素,以防止由于任何设备的突然停车而引发的一系列问题,如堆煤、压设备、跑煤和跑水等。

在工艺限制条件方面,选煤厂的设备启停必须遵循特定的流程,以确保各设备之间形成一定的闭锁关系。这种设计策略不仅保障了生产过程的顺利进行,而且在某种程度上也提高了生产效率和安全性。在贮存及缓冲装置设备之后的任何一台设备的突然停车,都将会造成一系列连锁反应，因此，集中控制系统必须考虑这些设备之间的相互依赖性和协调性。

考虑到电动机起动瞬间电流较大的特点，自动起车时前后两个设备必须间隔一定时间，以避免多台设备同时起动时电流过大造成电网超载跳闸。这种设计原则旨在保护电网的稳定性，并确保设备的可靠运行。

在设备限制条件方面，特别是在停车时必须考虑停留在设备上的煤通过设备所需的时间。如果是输送带运输，停车延时时间通常设置为输送带运行一周所需的时间，以确保煤炭完全被转移，避免造成堆煤等问题。

除了上述的主要设计原则外，选煤厂集中控制系统的设计还应包括合理的控制方式转换机制、灵活的设备选择功能以及全面的信号系统。控制方式转换机制应能够在集中控制系统出现故障时，方便地转换到单机就地手动控制，以确保生产过程的连续性和安全性。设备选择功能允许操作者根据不同的工艺要求选择适当的设备或流程。而全面的信号系统则包括预告信号和事故报警信号，以提醒操作人员在设备启动或停车前后采取相应的安全措施，并在设备发生故障时及时采取应对措施。选煤厂集中控制系统在设计时应遵循的具体原则见表 8-1。

表 8-1 选煤厂集中控制系统设计原则

系统模块	设计原则
起停车顺序	起动顺序：原则上逆煤流逐台延时起动，避免前台电动机起动时的电网冲击。优点是能够在带负荷前检查机械运行情况。也可采用顺煤流起动方式以节能减少磨损
	停车顺序：正常情况下顺煤流方向逐台延时停车；故障时，尽快停掉相关设备
闭锁关系	集中控制系统应具备严格的闭锁关系，以防设备故障引发事故扩大，同时需易于解锁
控制方式的转换	集中控制应能便捷地转换为单机就地手动控制，保障集中控制系统故障时不影响生产

系统模块	设计原则
工艺流程及设备的选择	在生产系统有并行流程或多台并集中控制系统应具有选择并行流程或并行设备的功能，以满足不同的工艺要求
信号系统	预告信号：启动前和停车前，集中控制室应发出预告信号。启动前需要操作人员检查设备并向集控室反馈允许启动的信号或禁启信号
	事故报警信号：运行中的设备发生故障时，集控系统应及时发出报警信号，提醒工作人员注意

8.2.2 典型选煤厂集中控制应用

以重介分选工艺为例，在重介分选工艺中通常包括有压三产品重介旋流器、TBS 分选和浮选联合工艺流程。整个控制过程遵循严格的逻辑顺序，以保证各个工艺环节能够协调和高效地运作。

在原煤系统控制流程中，起动的顺序是按照逆煤流顺序进行的，以确保生产的连续性和平稳性。典型的设备启动顺序是脱泥筛、输送皮带、破碎机和手选皮带，然后是原煤振动分级筛和带式输送机。在某些情况下，还需要根据生产需要启动给煤机。停车过程与启动过程相反，遵循顺煤流的顺序，以减少对设备和生产过程的影响。

在分选环节中设备按照煤流逆序启动、顺序停止。以旋流器为分界点，整个系统被划分为精煤、中煤、矸石和煤泥四个部分，各部分设备间存在严格的闭锁关系，保证了整个系统的协调运行。

浮选系统的控制流程从浮选入料池开始，涉及浮选、压滤和浓缩等多个步骤。与重介系统相比，浮选系统对煤流线的影响较小，因此设备可以进行单独的起停操作。关键是确保设备间的连锁关系，实现加药泵的自动化控制、加压过滤机控制和风机控制等。

典型的选煤厂集中控制系统通常分为原煤处理和主洗产品储运部分，控制方式可以切换成集中联锁或就地解锁。在正常生产情况下，系统采用集中联锁控制，以确保各个环节按照既定流程高效运行。这种方式的关键在于设备的启停顺序，通常是逆煤流方向逐台顺序启动，顺煤流方向延时逐台停车，确保停车后设备上不留有剩煤，减少堆煤、压设备等故障风险。

该系统具备起停车预告、复位和故障处理等功能，通过鸣笛和多媒体语音方式在现场和集控室提供预警，确保人员和设备的安全。紧急情况下，系统的急停功能优先级最高，能够及时响应，防止事故扩大。系统应具备对故障设备的逆煤流闭锁能力，保障整个系统的稳定运行。

在集中控制模式下，所有设备的操作权交由集中控制室管理，确保了生产过程的统一调度和监控。系统还能实时显示关键参数如合格介质、浓介质密度和液位等，辅助生产决策和工艺优化。系统的数据信息管理层设有数据交换通信网络，控制室内配备两台工控机作为上位机，分别作为操作机和管理机，实现系统的高可靠性和冗余性。这些上位机不仅负责操作控制，还具备编程和组态功能，使工程师能够根据实际需要调整工艺参数。自动化控制系统通常由中心控制站和远程 I/O 站组成，其中中心控制站负责主厂房设备的控制，远程 I/O 站设置在关键位置。系统采用了先进的 PLC 硬件和软件，提高了控制的精确性和可靠性。

监控系统的配置和开发集中在上位监控计算机上，它提供操作、控制、图形显示和历史数据存储打印等功能（见表 8-2）。监控系统能够实时动态显示生产过程，及时响应故障报警，并具备设备故障自动识别功能。

表 8-2　监控系统开发及功能

功能类别	功能详述
操作、控制功能	由两套上位机操作站完成选煤厂的集中监控与管理。能在集中控制模式下控制设备的逆煤流起车和顺煤流停车，并能对设备进行单独控制。具备编程和组态功能，允许工程师对工艺画面和参数进行调整

续表

功能类别	功能详述
图形显示功能	上位监控系统通过多种视觉效果（如填充、趋势曲线、弹窗、旋转、闪烁、颜色变化等）进行实时动态显示。包括显示工艺流程、设备运行状态、原煤处理量等信息，并在参数越限或设备故障时提供视觉和声音报警
历史数据存储打印	系统能够存储和制表关键工艺参数，并提供打印功能。能够记录和动态显示选煤厂主要设备的运行状况，并自动记录各种报警事件
设备故障自动识别	在集中监控状态下，所有选煤设备的正常运行和故障状态在监控画面上清晰显示。设备发生故障时，系统会自动报警并弹窗显示故障信息

为进一步加强生产调度和安全监控，选煤厂还配备了调度广播通信系统和工业电视系统。这些系统不仅提高了生产指挥的效率，还为应急管理提供了有力支持，确保了全厂生产的正常运转。

8.3　重介质分选过程的智能化

对于大型选煤厂来说，重介分选技术已经成为一项非常重要的方法，其主要分为浅槽分选和重介旋流器分选两个部分，这两者分别应用于块煤和末煤的分选，涵盖了不同粒度级别的煤炭处理。在智能控制技术的运用上，两者都使用重介悬浮液密度的智能控制方式，这其中对悬浮液密度的精确控制成为实现选煤智能化的核心环节。

8.3.1 重介悬浮液智能控制的意义

重介选煤作为一项广泛应用的分选技术，涉及浅槽分选和重介旋流器分选，处理不同粒度的煤炭。这些工艺均依赖于重介悬浮液密度的精准控制。

重介悬浮液密度自动控制系统由补水、分流和补介三个部分组成，各部分紧密协作，共同维持悬浮液密度的稳定。在实际操作中，尽管补水过程可以实现自动控制，但浓介制备过程通常需要人工参与，且补介过程通常在生产前一次性完成，因此人工实现方式在实践中被证明是有效的。然而，分流环节在所有选煤厂中都是手动控制的，这无疑削弱了密度自动控制系统的功能，导致分流不及时，从而引起密度、产品质量波动、介耗增加以及调度和操作员工作强度的增加。

在重介选煤过程中，水的消耗通常比重介质的消耗更多。为了保持重选设备中悬浮液密度恒定，通常需要通过补水来维持。现有的补水执行机构通过调节补水阀开度来调节进水量，从而调节密度。当原煤带水量大时，合介桶液位上升而密度降低，在这种情况下，需要通过合格介质的分流来维持密度恒定。这种流程控制的实质是对包含合介桶、稀介桶、磁选机在内的悬浮液进行控制，这是一个典型的大惯性、大滞后过程控制，采用传统 PID 控制算法难以实现，因此现场只能采用手动调整。

悬浮液的稳定性是其维持自身密度不变的性质。重介质的沉降速度直接影响悬浮液的稳定性，通常用重介质在悬浮液中的沉降速度的倒数表示稳定性的大小，称作稳定性指标。在选煤生产中，配制的重介悬浮液不仅应达到分选要求的密度，而且应考虑其黏度及稳定性。当悬浮液密度在特定范围内时，煤泥含量可以在一定范围内变化，同时保持密度的稳定。因此要确保重介分选效果，体积浓度被视为最终的衡量指标，为密度控制提供了理论基础（见表 8-3）。

表 8-3　悬浮液各参数关系表

磁性物含量 /%	煤泥含量 /%	固体平均密度 /$(g \cdot mL^{-1})$	固体物浓度 /$(g \cdot L^{-1})$	固体体积浓度 /%	磁性物含量 /$(g \cdot L^{-1})$
0	100	1.550	1268.182	81.818	0.000
5	95	1.603	1196.854	74.685	59.843
10	90	1.659	1133.123	68.312	113.312

磁性物含量 /%	煤泥含量 /%	固体平均密度 /(g·mL^{-1})	固体物浓度 /(g·L^{-1})	固体体积浓度 /%	磁性物含量 /(g·L^{-1})
15	85	1.719	1075.835	62.584	161.375
20	80	1.784	1024.062	57.406	204.812
25	75	1.854	977.043	52.704	244.261
30	70	1.929	934.152	48.415	280.246
35	65	2.012	894.868	44.487	313.204
40	60	2.101	858.755	40.876	343.502
45	55	2.199	825.444	37.544	371.450
50	50	2.306	794.620	34.462	397.310
55	45	2.424	766.016	31.602	421.309
60	40	2.555	739.399	28.940	443.640
65	35	2.701	714.570	26.457	464.471
70	30	2.864	691.355	24.135	483.948
75	25	3.049	669.600	21.960	502.200
80	20	3.259	649.173	19.917	519.338
85	15	3.501	629.955	17.995	535.462
90	10	3.780	611.842	16.184	550.658
95	5	4.109	594.742	14.474	565.005
100	0	4.500	578.571	12.857	578.571

在煤炭选煤过程中，保持悬浮液的密度稳定性同时确保煤泥含量处于适宜水平是很重要的一点。一般而言，炼焦煤的分选过程所需悬浮液密度约为 1.45g/cm³，在这一密度下，煤泥含量通常可达到 50%，相应地，磁性物含量应维持在 397g/L 左右。以往的分选系统主要关注悬浮液密度，忽视了磁性物含量的控制，这种做法不够全面，有时甚至会导致重介分选设备的分选精度降低，甚至造成精煤的损失。如今的智能控制系统将重介悬浮液理论纳入设计考量，采用合适的传感器布局、选择适宜的执行机构，并应用高效的智能控制算法，以确保煤炭选煤中重介分选悬浮液密度自动控制的准确性和高效性。这些措施全面提升了选煤过程的技术支撑，保障了煤炭品质和减少了资源损失。

8.3.2 重介悬浮液智能控制系统耦合特性

在选煤过程中，重介悬浮液智能控制系统通常基于稳定工况下的操作，即在合介桶内密度逐渐增加而液位缓慢降低的条件下实施补水。现行的系统广泛采用了成熟的 PID 控制算法，已在许多选煤厂取得了良好的运行效果。

重介分选的自动化流程并非简单的线性任务，它涉及悬浮液实时密度、煤泥含量（磁性物含量）、合介桶的液位、补水量和分流量等多个相互关联的变量。这些变量之间存在着显著的耦合关系，使得整个系统的管理变得更为复杂。合理控制悬浮液密度不仅需要考虑直接的补水和分流操作，还需综合考虑煤泥含量和液位变化，以保证悬浮液的稳定性和分选设备的效率。

为了精确地管理这些相互依赖的变量，必须深入分析它们的相互作用，从而揭示其内在的联系。这些分析有助于建立一个系统模型，并为控制策略的制定提供理论依据。通过这种方式可以确保重介悬浮液密度控制系统不仅反应敏捷，而且能够准确调节，以应对不断变化的选煤条件和要求。

1. 悬浮液中煤泥含量（磁性物含量）的作用与耦合特性

在确保工艺条件处于最优状态下，悬浮液中的煤泥含量是决定其黏度的最大因素，对于重介选煤的效率与分选精度都有很大的影响。

悬浮液是由水、重量增加剂以及煤泥混合而成的多相混合物，其中用作加重剂的磁铁矿粉是一种磁性物质，可以通过电磁感应式测量仪器进行测定。这类仪器，即目前广泛使用的磁性物含量测量仪，能够准确地测出悬浮液中的磁性物含量。同时，配合使用的密度计能够测量悬浮液的整体密度。通过数学计算，可以确立煤泥含量与悬浮液密度、磁性物含量之间的数学模型，进而实现在线计算煤泥含量的可能。

在特定的磁铁矿粉密度和干煤泥密度下，悬浮液中的煤泥含量直接决定了固体体积浓度。因此，可以数学推导出固体体积浓度与煤泥含量的关系表达式。这一关系式有助于在实际操作中实时调整悬浮液的黏度，从而优化选煤过程的效率和精度，保证最终产品的质量。关系式如下所示。

$$e = \frac{(d-1)\left[100\rho_2 + (\rho_1 - \rho_2)\gamma_2\right]}{100\rho_1\rho_2 - 100\rho_2 - (\rho_1 - \rho_2)\gamma_2} \tag{8-1}$$

其中，e 是悬浮液固体体积浓度，单位为%；d 是悬浮液密度，单位是 g / cm³；γ_2 是悬浮液中煤泥的含量，单位为%；ρ_1，ρ_2 分别是磁铁矿粉与干煤泥的密度，单位为 g/cm³。

由于悬浮液性质的复杂性，单一的密度控制并不能全面反映悬浮液的所有特性。因此，为了确保悬浮液的固体体积浓度稳定，需要综合考量密度、煤泥含量及其他相关参数。

对于炼焦煤选煤工艺而言，当悬浮液密度设定为 1.45 g/cm³ 时，其煤泥含量在 0 到 50% 的范围内变化，这为分选工艺提供了一定的弹性。与此相对，动力煤的分选过程中，当悬浮液密度大约为 1.8 g/cm³ 时，煤泥含量的变化区间则显著收窄至 0 至 20%，表明更高的密度下，煤泥含量的控制变得更加严格。

重介分选过程中，悬浮液的密度不仅需要保持稳定，煤泥含量也需要维持在一个最优的范围内。这一最佳煤泥含量保证了分选设备可以在最佳状态下运行，同时避免了由于煤泥含量过高或过低而导致的分选精度下降。对于不同的分选密度，控制煤泥含量的范围也不尽相同，因此在自动控制系统中同时考虑使用磁性物含量计来控制悬浮液中的煤泥含量成为一种趋势。

悬浮液的密度和煤泥含量需要动态调整以适应变化的工艺条件，在重介分选过程中，悬浮液的稳定性不仅仅取决于保持密度的稳定，还包括维持一个最佳的黏度值。而黏度的波动直接影响分选效果，因此控制黏度的稳定性同样十分重要。高密度悬浮液对黏度的稳定性控制要求更高，低密度悬浮液则相对容易管理。控制悬浮液的煤泥含量主要通过调节分流阀的开度来实现。分流阀的调整不仅影响煤泥含量，而且与密度控制存在耦合关系，即在调整分流的同时，密度也相应地受到影响。这种耦合性的存在，使得悬浮液的煤泥含量和密度控制成为一个复杂的多变量控制问题。

由于悬浮液中的重介质受重力和离心力的影响，会产生沉降和离析的趋势，导致分选机内部上下层或内外层密度变化，影响密度的稳定性。因此，悬浮液的稳定性控制必须综合考虑介质的密度、形状、粒度以及固体体积浓度的稳定性，才能实现高效精确的分选效果。

在设计和实施重介悬浮液智能控制系统时，必须将这些因素纳入考虑，以确保系统能够准确响应工艺条件的变化，同时实现悬浮液性质的精确控制，从而提高选煤效率，减少资源浪费，确保选煤厂经济效益的最大化。这要求选煤厂不仅要配备先进的自动化设备和控制系统，还需要有专业的操作和维护团队，以确保悬浮液智能控制系统的稳定运行。

2. 合介桶液位在密度控制中的作用与耦合特性

合介桶液位的稳定性直接影响着悬浮液密度的控制效果和介质的损失。合介桶内的液位不仅要求有一个适宜的范围保持运作，而且液位的变化也是判断生产状况和调整控制策略的重要依据。在自动化控制系统中，合介桶液位的高低限位设置是维护稳定生产的重要参数之一。

通常情况下合介桶液位的高低是由系统中磁铁矿粉的总量来决定的，如果液位超过了设定的高限位 H，这通常意味着悬浮液中磁铁矿粉的密度降低，导致介质不合格。在这种情况下，除了可能造成介质的损失外，还需通过增大分流量来减少悬浮液的密度，即对合介桶进行浓缩处理，以恢复悬浮液的合格状态。

相对地，如果液位低于设定的低限位 L，这往往表示磁铁矿粉总量不足，这不仅会影响悬浮液的输送压力，从而影响选煤的正常生产，而且还可能需要添加新的磁铁矿粉或补充浓缩介质以维持悬浮液的密度。液位的控制和磁铁矿粉的补充必须实时跟进，确保选煤过程的连续性和效率。

在正常工况下，合格介质桶的液位应保持在一个相对稳定的水平，缓慢下降，反映了悬浮液消耗和补充之间的平衡。然而，在异常工况下，如液位的上升，这往往提示系统中水分的过量，这时就需要通过分流来调整，确保悬浮液密度的稳定。这就揭示了液位控制在重介选煤过程中的双重作用：一方面是保证悬浮液的密度和分选效率，另一方面是防止由于过量水分或介质不足而导致的生产问题。

液位控制与悬浮液密度的耦合特性要求控制系统能够灵活响应各种变化，调整分流量和补充介质量。这需要精确的传感器来监测液位和密度，高效的控制算法来处理信号，以及灵活的执行机构来实施调节。只有通过这样一个集成化的控制系统，才能确保重介选煤过程的高效和稳定，减少介质的损失，提高经济效益。液位控制不仅是一个技术问题，更是一个管理和策略问题，要求操作者具有专业知识和实时决策能力，以确保重介选煤的顺畅进行。

3. 自动补水阀的作用与耦合特性

自动补水阀通过调节进入合介桶的补水量，直接影响着悬浮液密度的稳定性。自动补水阀的阀位反映了当前系统对水量需求的变化情况，这些需求的变化可能源于悬浮液密度的实时变化、介质桶液位的调整或是悬浮液中煤泥含量的波动。阀位信号的分析显示，阀位的大小开度实际上是系统内部状态变化的一种反馈。

当自动补水阀的开度较小时，意味着系统对补水的需求减少，这可能是由于合介桶内悬浮液密度较低，此时应考虑采用分流措施来提高密度。这种预测性的控制手段不仅保证了合介桶内的密度稳定，还确保了PID控制器能在最佳的控制范围内运作。相反，当自动补水阀的开度较大时，表明系统需要更多的水来降低合介桶内的密度，此时可以适当减少分流阀的开度来降低补水量。这种控制逻辑的实施，实际上是一种预测性的控制，通过提前调整分流量来预防可能出现的系统状态变化。

自动补水阀的这种控制方式显示出了其与悬浮液密度控制的耦合特性。调整补水量和分流量都会对悬浮液密度产生影响，因此这两个控制动作需要精密的协调，以保持悬浮液密度的稳定。在实现自动分流的过程中，需要考虑降低煤泥含量、维持合介桶的合理液位以及调整自动补水阀的开度。这三个因素的调整不仅对悬浮液密度控制产生耦合影响，而且还涉及了大惯性和大滞后的控制对象特性。

为了有效处理这种耦合关系并实现系统的稳定运行，需要采用解耦技术。解耦技术的运用可以使自动补水和自动分流之间达到一种平衡状态，避免一个控制动作对另一个动作产生不利影响。同时，由于自动分流的控制对象本身具有大惯性和大滞后的特性，因此寻找合理的控制算法是解决这一控制难题的关键。在选择控制算法时，应该考虑到悬浮液的物理特性和生产过程的实际需求，可能需要采用非线性控制、模糊控制或其他先进的控制算法，以适应悬浮液密度控制的复杂性。

8.3.3 重介分选密度智能控制的算法与原理

重介悬浮液密度的智能控制系统要处理多个变量的输入和输出，涉及密度、磁性物含量、液位等多个参数的测量和控制，且这些参数间往往存在相互依赖和影响，即耦合现象。传统的PID控制器在这样的多变量、大惯性、大滞后及参数时变的不确定过程中往往显得力不从心，因为它无法准确地捕捉和描述系统复杂的动态特性。

由于补水装置通常安装在靠近分选机的位置，其对分选密度的影响迅速而直接，而分流装置则相对远离，影响的延迟和滞后较大。这种空间上的差异以及设备响应时间的不同，加剧了控制系统的复杂度。在数学模型的建立上，为了处理的方便，往往需要简化模型，这可能会牺牲模型的准确性，甚至导致与实际系统不符的错误结论。面对这样的挑战，模糊控制通过引入模糊逻辑可以更灵活地处理系统的不确定性和复杂性。多变量模糊控制器，即同时考虑多个控制输入和输出的控制器，为这一类复杂系统提供了一个有效的解决方案。然而，直接设计一个多输入多输出的模糊控制器仍然是一个挑战，因为需要处理的变量间的相互作用非常复杂。

想要解决这一问题，可以利用模糊控制器内在的解耦特性，通过分解模糊关系方程，在控制器的结构上进行解耦。这意味着可以将一个多输入多输出的模糊控制器分解为多个多输入单输出的模糊控制器。这样的分解使得控制器的设计和实现变得可行。在实际控制系统的设计中，通过集成密度计、液位计和磁性物含量测量装置的信号，结合电动补水阀的阀位信号，可以综合评估系统状态，并相应地控制各个执行机构如补水阀、分流箱和加水阀的动作。这样的系统能够实现对悬浮液密度和黏度的双重稳定控制，确保分选过程的效率和精度。

8.4　浮选过程的智能化控制

8.4.1 浮选过程控制概述

煤泥浮选过程涉及固、液、气三相的复杂物理化学作用，由于其非线性特点和大时滞特性，使得工艺效果受多种因素影响，且这些因素间常常相互耦合，加剧了控制难度。目前，许多选煤厂还依赖于操作人员的经验进行人工手动控制，这种方法不仅反应滞后、随意性大，而且往往导致产品质量波动和药剂消耗增加。浮选过程的自动化控制尚处于起步阶段，多数采用的是前馈控制策略。这种策略通过测量入浮原料的浓度和流量，并结合实验确定的干煤泥量对应的药剂添加比例来进行自动加药。然而，这种策略忽略了其他关键工艺参数对浮选过程的影响，如入浮浓度、充气量、泡沫层厚度等，从而无法保证产品质量始终处于最优状态。

进入 21 世纪，部分选煤厂开始引入更先进的控制策略，比如使用在线测灰设备的优化控制，这在一定程度上提高了控制的准确性和实时性。随着煤浆测灰仪的国内开发成功，基于这些仪器的优化控制系统也随之出现，为浮选过程的智能化控制开辟了新的道路。智能控制系统的核心在于将操作人员的经验规则化，并利用专家系统、模糊逻辑等算法来自动调整药剂的添加量，这不仅保证了产品的质量，而且降低了药剂的消耗。专家控制系统通过模拟有经验操作人员的控制策略，实现了药剂的合理添加，从而保持了浮选过程的稳定性和产品质量的一致性。稳定控制主要涉及液位和入料浓度的控制，相对容易实现。而智能（最优）控制则进一步，通过智能算法优化药剂的添加量，以最小的药剂消耗获得最大的回收率和最优的产品质量。尽管稳定控制是智能控制的基础和前提，但智能控制能够更进一步，通过对复杂工艺参数的实时调整，实现过程的优化。

专家系统和模糊控制为智能添加提供了新的途径，通过定期的分析和调整，使浮选过程能够在各种工况下稳定运行。这样的智能控制系统不仅提高了操作的自动化水平，还提高了选煤厂的经济效益，减少了环境污染，符合可持续发展的要求。

8.4.2 专家系统理论与结构研究

专家系统是一种模拟人类专家解决问题能力的计算机程序系统，广泛应用于处理复杂问题。它依赖于系统知识库中的知识，模拟专家思路进行推理和判断。构建专家系统涉及知识的获取、组织管理、知识库建立和维护以及知识的有效利用。专家系统的目的是让计算机在特定领域扮演专家角色，其能力取决于系统中储存的知识量和质量。

专家系统的核心在于知识库的建立，这涉及将各种传感器采集的数据转换为可利用的知识形式，如产生式规则。这些规则通常形式为"如果 A 和 B，则 C"，其中 A 和 B 是前提或状态，C 是结论或动作。在实际应用中，如煤泥浮选过程，通过数据分析发现的影响因素可作为产生式规则的条件，而药剂添加量和液位调节等则作为执行动作。

近年来，专家系统的应用日益广泛，特别是在模拟专家思路、进行推理判断方面。专家系统的结构通常包括人机交互接口、解释接口、推理机、数据库、知识库和知识获取等六个部分。其中，人机交互接口是专家系统与用户进行交流的平台，解释接口则用于追踪推理过程并提供必要解释。推理机作为系统的核心，利用知识库中的知识进行推理求解。知识库的质量直接影响专家系统的性能和解决问题的能力，而综合数据库则用于存储用户提供的事实、问题描述及系统运行过程中的中间和最终结果。知识获取则是从各种知识源中提取专家系统所需的专业知识并输入知识库的过程，可通过人工、半自动和自动获取等方式实现。

在应对煤质波动、及时调整药剂制度方面专家系统有着很大的发挥空间。通过结合浮选操作员的经验和技术人员的建议，专家系统可以实现浮选过程的自动加药，优化浮选效率。专家系统还能通过分析原煤皮带秤信号、皮带运行信号等数据，提前预判煤质波动，及时调整工艺参数。

8.5　基于药剂的智能协同添加技术

8.5.1　煤泥水运行特点及要求

煤泥水作为湿法选煤生产工艺中的必然产物，其处理过程涉及浓缩和压滤两个关键环节。这些环节的主要目标是实现煤泥水中微粒的有效固液分离。浓缩环节的关键在于使用有机高分子絮凝剂—聚丙烯酰胺（PAM）来提高效果和效率。PAM 在水中溶解后产生电离反应，通过静电键合和共价键合作用吸附周围的煤泥微粒，利用其线性链状结构形成絮团，加速浓缩过程。在压滤环节，为避免煤泥微粒细小导致的滤孔堵塞、压滤周期过长、煤泥饼含水量高等问题，加入助滤剂以改善压滤效果，增强处理能力。助滤剂通过抵消煤泥悬浮液的分散特性，促进压滤过程的顺利进行。

目前多数选煤厂已实现煤泥水处理过程中药剂的自动制备，但在药剂自动添加方面还存在不足。多数厂家仅对浓缩或压滤环节单独实施自动加药系统，虽然这在一定程度上减轻了工人劳动强度、降低药剂消耗、提升处理效率，但由于浓缩和压滤环节相互关联，单独对其中一个环节进行加药量设定或通过试验确定两者药剂添加量，无法保证两环节的最优配合。药剂添加量的最佳设定是确保煤泥水处理效果和经济效益的关键。

为此煤泥水处理过程中需要实现浓缩机絮凝剂与压滤机助滤剂之间的协同优化。这不仅要保证煤泥水处理的速度和效果，还需确保药剂消耗量最低，从而达到最佳经济效益。这一目标要求综合考虑多个因素，包括浓缩机和压滤机的工作状态、药剂的性能、煤泥水的特性等，以实现对复杂煤泥水工况的有效应对。

8.5.2 煤泥水运行协同控制原理

煤泥水处理在湿法选煤工艺中的关键在于有效实现固液分离，这一过程涉及两个主要阶段：浓缩和压滤。浓缩阶段通过加入聚丙烯酰胺（PAM）等高分子絮凝剂，加速固体颗粒的沉降，提高浓缩效率。PAM在水中溶解后，其线性链状结构可与周围煤泥微粒发生静电键合和共价键合，形成絮团。压滤阶段则添加助滤剂，以改善压滤效果，增强滤饼的脱水能力。

在煤泥水处理的控制环节，现代选煤厂多实现了药剂的自动制备，但药剂自动添加方面往往依赖于人工设定或针对单一环节的自动化系统。这种方法虽然在一定程度上提高了操作效率，但由于浓缩与压滤环节相互关联，单独调整药剂量往往无法达到最佳效果。解决这一问题的最好方法是采用智能算法进行药剂的协同优化控制，目前的智能优化算法包括遗传算法、粒子群算法、模拟退火算法、蚁群算法等。特别是，BP神经网络与APSO算法的结合在煤泥水处理药剂协同控制中显示出显著的潜力。

BP神经网络以其多层结构（输入层、隐含层、输出层）在训练过程中通过误差反向传播学习，不断调整网络间的权重值，以减少预测误差。在煤泥水处理过程中，BP神经网络以入料浓度、流量、溢流浓度等作为输入，预测絮凝剂和助滤剂的添加量。APSO算法则模拟鸟类觅食行为的群体智能策略。粒子在多维空间内不断更新位置和速度，寻求最优解。在煤泥水处理中，APSO算法用于优化BP神经网络预测的药剂添加初值，以寻找经济最优量。通过迭代优化，最终确定煤泥水处理的最佳药剂配比。浓缩机絮凝剂与压滤机助滤剂之间的药剂添加协同优化不仅关注处理速度和效果，还着眼于最小化药剂消耗。BP神经网络在预测药剂添加量时考虑了入料浓度、流量、溢流浓度等多种参数，而APSO算法在这些初值基础上进行优化，考虑了药剂添加的经济性和效率。

结合智能算法和自动化技术应用为煤泥水处理提供了一种高效、经济的解决方案，通过精确控制絮凝剂和助滤剂的添加量，可以大幅提高煤泥水处理的效率，减少药剂浪费，从而实现更加经济和环保的选煤过程。这种方法还具有很强的适应性，能够应对煤泥水处理工况的复杂性和多变性。随着自动控制技术的不断进步，预期未来在煤泥水处理领域将实现更多的创新和突破。

8.5.3 药剂添加协同控制系统架构及实现过程

1. 药剂协同优化系统架构

实现煤泥水处理过程中浓缩机与压滤机药剂协同添加量的在线优化及添加控制的药剂添加协同控制系统，包含设备层、控制层与数据管理层三部分，通过以太网进行数据交互。由于压滤车间、浓缩车间及集控室之间距离较远，系统采用光纤来实现以太网通信，以防止信号传输失真及外界干扰。

设备层主要包括聚丙烯酰胺（PAM）药剂添加系统、聚合氯化铝（PAC）药剂添加系统、入料与底流浓度传感器、入料与底流流量传感器。PAM 与 PAC 药剂添加系统主要负责药剂溶液的制备以及药剂的自动添加，属于执行机构。入料浓度与流量传感器负责对入料管道煤泥水浓度与流量的检测。

控制层主要包括 PLC 与交换机。PLC 用于原有系统间的数据通信以及传感器信号的采集，而交换机实现各个系统以及上位与下位数据的交汇。

智能管控优化层用于人机界面的可视化操作，APSO 优化算法对协同药剂添加量的在线求解，同时具有通过 SQL 数据库的数据记录储存功能。除此之外还包括 WEB 端浏览器功能和 EXCEL 进行历史数据查询的能力。

整个系统的设计旨在实现煤泥水处理的自动化和智能化，减少药剂的浪费，提高处理效率，并确保处理过程的稳定性和可靠性。通过集成先进的控制技术和智能算法，该系统可以自动调整药剂添加量，以适应煤泥水工况的复杂性和变化性。

2.协同优化控制实现过程

为实现煤泥水处理过程中浓缩机与压滤机药剂协同添加量的在线优化及添加控制，药剂协同优化控制系统采用了先进的数据采集和处理技术。该系统通过传感器对浓缩机进料管道的煤泥水浓度与流量信号进行检测，并考虑到煤泥水处理过程的大滞后特性以及 APSO 算法对最优量求解时间的需求，决定了煤泥水工况的入料浓度与流量信号不应实时向数据管理层进行传输。

在系统设计中，为准确表征 10 分钟内的煤泥水数据变化，PLC 引入了统计量的概念来处理数据。利用样本平均值来估计总体数据的大小，然后每 10 分钟通过以太网向数据管理层传输一次数据。系统中的 Matlab 完成算法实现，因此需要建立 PLC 与 Matlab/Simulink 之间的数据交互，借助 OPC 通用接口技术完成数据的通信和交换。

数据从控制层的 RSLink OPC Server 作为地址映射后，与 FT VIEW 上位机组态软件及 Matlab/Simulink 建立数据链路通道。FT VIEW 通过人机交互界面直观显示数据变化及设备运行状态、报警信号等。Matlab/Simulink 根据建立的 APSO 优化算法模型，对当前工况下的最优药剂协同添加量进行求解计算，并将絮凝剂与助滤剂的药剂添加量输出，反馈至 RSLink OPC Server 相应的变量中。随后，数据传达到协同 PLC，通过光纤将数据分别传递到 PAC 加药系统与 PAM 加药系统，完成指令的下达。

原有加药系统根据接收的药剂优化添加量信号，分别转化为 PAM 变频加药泵的运行转速信号与 PAC 加药泵的启动运行时间，以此来执行系统指令。这一过程涉及对复杂公式的计算，其中包括流量、浓度、运行时间、药剂添加量等多个变量的综合考虑。这些变量和参数的精确计算，确保了煤泥水处理过程中药剂添加量的最优化，从而提高了处理效率和质量。相关公式如下。

$$\overline{X} = \frac{1}{n}\sum_{i=1}^{n} x_i \qquad\qquad (8-2)$$

$$N = \lambda_1 \frac{Q_1 C_1 t_1}{k_1} \times d_1 \qquad\qquad (8-3)$$

$$T = \lambda_2 \frac{Q_2 C_2 t_2}{k_2} \times d_2 \qquad\qquad (8-4)$$

其中 $\overline{X}$ 是样本平均值；N 是 PAM 变频加药泵转速，单位为转 /s；T 是 PAC 加药泵启动运行时间，单位为 s；λ_1,λ_2 是调整比例系数；Q_1,Q_2 是入料流量与底流流量，单位为 m^3/h；C_1,C_2 是入料浓度与底流浓度，单位为 g/L；t_1,t_2 是入料泵与底流泵运行时间，单位为 s；d_1,d_2 是絮凝剂与助滤剂药剂优化添加量，单位为 kg/t；k_1 是加药泵每转添加的药剂量，单位为 kg/转；k_2 是加药泵每秒添加的药剂量，单位为 kg/s。

药剂协同优化控制系统有效地结合了传统的工艺操作经验和现代智能控制技术，不仅减少了药剂的浪费，提高了煤泥水处理的效率和质量，而且通过智能化的控制方式，为选煤厂的煤泥水处理提供了一个高效、经济的解决方案。

8.6　选煤机电设备在线检测与故障诊断

在大型选煤厂中大量机电设备的可靠运行是生产线连续作业的生命线，这些设备的状态直接影响选煤的效率和质量。因此实施机电设备在线监测和故障诊断技术是设备管理的最大保障。由于选煤厂中存在众多高耗能设备，有效地降低能源消耗是实现工业可持续发展的关键。通过对机电设备的工况监测、定期维护和节能管理，不仅可以提升设备管理的智能化水平，还能指导选煤厂合理且高效地使用能源，为其平稳运行和低能耗发展提供坚实的技术支持。

8.6.1 选煤机电设备在线检测与诊断系统的组成

使用机电设备在线检测与故障诊断技术是为了提高设备的管理效率和预防潜在的故障，通过对机电设备的连续监测和实时数据分析可以及时发现并预防潜在的故障，从而提高设备的运行稳定性。选煤机电设备在线诊断系统主要由以下部分组成。

（1）感知元件。包括加速度传感器、温度传感器、电流和电压传感器等，负责实时监测设备的运行状态，加速度传感器可以监测设备的振动水平，而温度传感器则可以检测设备运行时的温度变化。

（2）智能数据采集器。也称为电机综合保护器，用于收集感知元件的数据，并进行初步处理。这些数据包括设备的振动频率、温度、电流和电压等，有助于分析设备的运行状况。

（3）中心服务器。作为系统的数据处理中心，负责管理和存储从数据采集器收集到的信息。

（4）网络交换机。确保数据的有效传输，尤其是在设备与服务器之间。

（5）在线监测系统软件。分析传感器数据，评估设备状态，并提供早期故障预警。这种软件通常具有高级的数据分析和故障预测功能。

在线监测系统的关键技术细节包括：

（1）数据采集和处理。系统通过采集设备振动、温度、电流、电压等关键参数，并利用算法如征兆提取来获取设备的关键运行指标，如转子各倍频信号、滚动轴承或齿轮的包络解调值。

（2）故障预测与预警。通过对采集到的数据进行分析，系统可以对设备的运行状态进行综合评价，并对早期故障进行预警。

（3）电机保护。电机综合保护器能够对电机在运行中出现的过载、失衡、缺相、反序等故障进行保护和报警。

（4）维护与能耗管理。系统不仅提供设备的运行数据分析，还能基于数据指导维护计划和节能措施，通过分析电机及关联设备的累计运行时间，可以提示维护需求。

这种在线监测与诊断技术的应用，实现了设备状态的实时监测和维护计划的智能化，有助于提高设备的运行效率和减少维护成本。

8.6.2 选煤机电设备在线检测与诊断系统的网络结构

选煤机电设备的在线检测与诊断系统包含多个组件，包括智能数据采集器、工程师监测站、中心服务器、远程诊断平台以及数据通信网络，每个组件承担着不同的功能，共同构成一个高效的监控和诊断网络。

智能数据采集器主要负责收集选煤厂关键设备的振动信号，它能够对采集到的数据进行处理和特征参数的计算提取。这些数据经过以太网络传输至全厂振动数据服务器，为后续的设备状态监测提供基础数据。振动数据采集模块不仅能够实时监测设备的运行状况，还能预警潜在的故障，从而保障设备运行的安全性和稳定性。

工程师监测站则扮演着数据处理和分析的角色，该站点与智能数据采集器及中心服务器连接，形成内部局域网。工程师通过监测站可以浏览、处理和管理设备状态数据，进行在线监测和振动分析。监测站的存在大大提高了工程师对设备运行状况的理解和处理能力，同时也加强了对网络数据服务的管理。

中心服务器作为数据存储和管理的枢纽，使用先进的数据库管理系统，如 MySQL、SQL Server 或 Oracle，建立了全厂关键设备的长期状态数据库。这个数据库不仅集中存储了设备的工况状态数据，而且为设备状态监测、报警、分析和诊断等提供了数据接口和网络发布服务。这一环节确保了设备状态数据的安全存储和高效管理，是整个系统稳定运行的基础。

远程诊断平台通过专用网或公网通道，实现关键设备振动状态数据的实时远程传输。这一特性使得在远离选煤厂的地方也能进行设备故障分析和诊断，增强了系统的灵活性和应急响应能力。远程诊断平台的数据通信功能利用振动特征计算及特征数据压缩/恢复技术，确保了数据在远程传输过程中的准确性和完整性。所有设备状态参数（如振动、温度等）通过智能数据采集器获取，这些模拟信号经过信号预处理后，通过网络传输至中心服务器的数据库。

中心服务器的多功能特性，包括数据库服务器、Web 发布服务器和应用程序服务器，确保了数据的安全、稳定存储及广泛的访问权限。移动网页终端的设置使得手机用户也能轻松访问和查询机组监测状态，提高了系统的可访问性和便利性。系统还具备自动发送短信息功能，及时告知设备状态，从而为设备管理用户提供即时的设备状态更新。整个系统的灵活性和高度定制性表现在其存储方案的多样性上。根据现场情况的不同，系统可以设置不同的存储方案，并根据存储需求配备相应的存储容量，保证了数据存储的高效性和适应性。

8.6.3 选煤机电设备在线检测与诊断系统的功能

通过各类监测画面和图表可实现针对选煤设备振动、温度实时测量值进行列表显示、棒图显示、动画监测展示。见表 8-4。

表 8-4　设备监测功能

功能描述	功能细节
设备监测	动、静画面分别表示设备开机、停机
参数显示	自定义各参数指标在总貌图中的显示方式，如位置、显示隐藏等特性
报警判别	自动根据阈值判别各参数报警状况

功能描述	功能细节
当前值查看	通过棒图查看当前值以及报警设置
列表查看	通过列表方式查看当前值和报警状态
关键信息展示	显示设备的关键运行信息

选煤机电设备在线检测与诊断系统的设备监测功能通过集成的监测工具，实时捕获设备的运行状态，从而提供动态和静态的设备画面。这使得运行人员能够清晰地区分设备是否正在运行（开机或停机状态），确保对设备状态的准确把握。

系统的灵活性体现在能够自定义显示参数，如调整参数指标的位置、显示或隐藏特定数据等。这种定制化的显示不仅提高了监控的可用性，还提高了监控的效率。系统还会自动根据设定的阈值判断并报警，减少了人工干预，提高了响应速度和准确性。

在展示功能方面，系统通过直观的棒图和列表展示设备的当前运行值和报警状态，为操作人员提供了即时的设备运行信息。这种数据的可视化呈现有助于快速诊断和响应潜在的设备问题，提高了故障处理的效率。

关键信息的展示是系统的另一大特点，它确保了对设备运行中最重要的参数的聚焦，使得运维团队能够及时识别和解决关键问题，保障了选煤设备的稳定、可靠运行。

基于常规监测参数，系统实现了自定义参数的设定并对这些参数进行历史数据追踪和全面趋势分析，从而提供了支持多维报警方式和多样报警类型的功能，见表 8-5。

表 8-5　多维智能报警

报警类型	描述	应用场景
振动统计量报警	包括振动烈度、峭度、峰值指标等	适用于转子、轴承、齿轮等部件一般性问题的早期预警
振动各倍频分量或相位报警	如 0.5X、1X、2X 等，1、2 倍频相位	适用于转子不平衡、不对中、油膜涡动等故障的早期预警
振动信号频段能量值报警	指定频段的包络值报警	适用于滚动轴承、齿轮的早期故障预警
自定义参数报警	对设定的自定义参数进行报警	根据特定需求和场景设置的报警
报警类型	包括超上限、超下限、区间外、区间内等	适用于多种不同的监测参数和情况

多维智能报警功能为选煤机电设备在线检测与诊断系统提供了多层次、多维度的监控和预警机制。这一功能通过设置多种报警类型，如振动统计量报警、振动各倍频分量或相位报警、振动信号频段能量值报警等，实现对设备潜在问题的早期识别和预警。

振动统计量报警功能能够对设备的转子、轴承、齿轮等关键部件的一般性问题进行早期预警。这种预警类型通过分析振动数据的特定统计量，如振动烈度、峭度、峰值等指标，有助于提前识别和防范潜在的设备故障。

对于更具体的故障类型，如转子不平衡、不对中、油膜涡动等，系统提供了振动各倍频分量或相位报警功能。此类报警通过监测特定的振动频率分量或相位变化，为设备的精准故障诊断提供数据支持。

系统还包括振动信号频段能量值报警功能，这对于滚动轴承和齿轮的早期故障预警尤为重要。通过指定频段的包络值报警，系统能够精确识别轴承和齿轮故障的早期征兆。系统支持多种自定义参数进行报警，以及多样的报警类型，如超上限、超下限、区间外、区间内报警等。这种灵活性使系统能够根据特定设备和应用场景的需求，提供定制化的监控和报警解决方案。

参考资料

[1] 司亚梅，王俊 . 选煤厂实习 [M]. 北京：北京理工大学出版社，2020.

[2] 杨建国 . 选煤厂电气设备与自动化 [M]. 徐州：中国矿业大学出版社，2018.

[3] 郭德 . 重力选煤 [M]. 北京：煤炭工业出版社，2017.

[4] 姚霞 . 选煤厂电气控制技术 [M]. 北京：煤炭工业出版社，2007.

[5] 匡亚莉 . 选煤厂计算机应用 [M]. 徐州：中国矿业大学出版社，2007.

[6] 国家安全生产监督管理总局煤矿智能化开采技术创新中心，陕西陕煤黄陵矿业有限公司 . 第一届煤矿智能化开采黄陵论坛论文集 [C]. 北京：煤炭工业出版社，2017.

[7] 王国法，刘峰 . 中国煤矿智能化发展报告 2022 年 [M]. 北京：应急管理出版社，2022.

[8] 曹庆钰，马龙，白立化 . 通信工程技术与煤矿智能化研究 [M]. 长春：吉林科学技术出版社，2021.

[9] 赵文才 . 煤矿智能化技术应用 [M]. 北京：煤炭工业出版社，2019.

[10] 邢旭东，高峰，王波，杜文辉 . 煤矿智能化综采技术研究及应用 [M]. 北京：应急管理出版社，2022.

[11] 山西省煤炭学会煤矿智能化委员会，毛新华，方新秋 . 山西省全省煤矿智能化建设基本要求及评分方法（试行）专家解读 2022 年版 [M]. 北京：应急管理出版社，2022.

[12] 崔建军 . 高瓦斯复杂地质条件煤矿智能化开采 [M]. 徐州：中国矿业大学

出版社，2018.

[13] 煤矿智能化建设政策及标准选编编写组.煤矿智能化建设政策及标准选编 [M].北京：应急管理出版社，2023.

[14] 霍丙杰.煤矿智能化开采技术 [M].北京：应急管理出版社，2020.

[15] 陈继勋.煤矿智能化技术概论 [M].北京：应急管理出版社，2023.

[16] 付华.煤矿供电技术 [M].北京：煤炭工业出版社，2018.

[17] 时宁国.煤矿监测监控技术 [M].兰州：甘肃科学技术出版社，2010.

[18] 范京道.智能化无人综采技术 [M].北京：煤炭工业出版社，2017.

[19] 聂建华，宋永滦，张高青.智能煤矿管理与应用 [M].徐州：中国矿业大学出版社，2022.

[20] 中国煤炭工业协会，彭建勋.煤矿防治水技术 [M].徐州：中国矿业大学出版社，2014.

[21] 谢嘉成.虚拟现实环境下综采工作面"三机"监测与动态规划方法 [M].北京：机械工业出版社，2019.

[22] 李国平，何柏岩.综采工作面输送机传动系统动力学分析与设计方法 [M].天津：天津大学出版社，2019.

[23] 王成，王俊杰，熊祖强.厚煤层综采工作面空巷综合治理技术及应用 [M].徐州：中国矿业大学出版社，2018.

[24] 景国勋，周霏，段振伟.综采工作面复杂条件下人与环境关系及安全性研究 [M].北京：科学出版社，2019.

[25] 王茂林.综采工作面实用技术 [M].北京：煤炭工业出版社，2012.

[26] 侯易奇.煤矿供电系统的智能化建设分析 [J].中国设备工程，2023（24）：40−42.

[27] 张锦旺，杨胜利，张俊文.煤矿智能化建设背景下采矿专业研究生培养模式改革与探索 [J].高教学刊，2023，9（36）：17−20.

[28] 徐立博，张荣华，冯可鑫.上榆泉煤矿掘进工作面智能化建设实践与探索 [J].山西煤炭，2023，43（4）：77−81.

[29] 苏红俊.哈尔乌素露天煤矿智能化系统构建优化 [J].露天采矿技术,2023,38（06）：98-103.

[30] 吴君飞,盛世博.露天煤矿生态监测方法及智能化解决方案 [J].露天采矿技术,2023,38（6）：80-82.

[31] 唐勇.煤矿车辆运输智能化管理平台的研发与设计 [J].信息系统工程,2023（12）：4-7.

[32] 董天勇.基于煤矿井下综合机械化采掘设备智能化改造研究 [J].河北能源职业技术学院学报,2023,23（4）：59-60+75.

[33] 郭爱军,赵明辉.多传感器融合的巡检机器人系统研究 [J].煤炭技术,2023,42（12）：233-235.

[34] 张敏.煤矿供电系统智能化技术探讨 [J].矿业装备,2023（12）：143-145.

[35] 毛自新.煤矿智能化工作面远程供电供液配套技术 [J].内蒙古煤炭经济,2023（22）：51-53.

[36] 王中伟.煤矿供电智能化建设关键技术分析 [J].内蒙古煤炭经济,2023（22）：75-77.

[37] 于超龙.煤矿供电系统的智能化建设路径分析 [J].内蒙古煤炭经济,2023（22）：127-129.

[38] 白彩军.智能化技术应用于煤矿地面生产系统的必要性研究 [J].内蒙古煤炭经济,2023（22）：133-135.

[39] 马腾飞,屈波.智能化供电技术在煤矿供电系统中的应用 [J].内蒙古煤炭经济,2023（22）：166-168.

[40] 王波,丁震,王军.通信协议接口标准化在智能煤矿的应用研究 [J].中国煤炭,2023,49（11）：10-17.

[41] 王东阳.潞宁煤矿采煤工作面智能化安全管理 [J].能源与节能,2023,（11）：182-184+209.

[42] 张荣华.5G通信技术在智能化煤矿中的应用研究 [J].低碳世界,2023,

13（11）：85-87.

[43] 卫桢.煤矿通风系统智能化改造研究[J].煤矿机械，2023，44（12）：118-121.

[44] 高韶伟.煤矿井下通风系统智能化进展[J].能源与节能，2023（11）：179-181.

[45] 张晨，安成，谢春雷，孙志杰.以标准化信息模型打造煤矿综采工作面智能化生产系统[J].信息技术与标准化，2023（11）：69-73.

[46] 潘文龙，郭润寿.TBM在煤矿智能化掘进工作面中的应用[J].智能矿山，2023，4（11）：78-83.

[47] 陈永光，王学强.智能化煤矿设备全生命周期管理体系建设与应用[J].智能矿山，2023，4（11）：84-90.

[48] 邵敬民，潘国营，桑向阳，张平卿.先进智能化水害防治技术在平煤神马集团大水煤矿中的应用[J].内蒙古煤炭经济，2023（21）：107-110.

[49] 夏蒙健，刘洋.煤矿采煤机智能化关键技术[J].工矿自动化，2023，49（S2）：10-12.

[50] 周爱平，曹正远.煤矿胶带运输监控系统技术现状及智能化方案设计[J].工矿自动化，2023，49（S2）：13-17.

[51] 姚勇.基于深度学习的矿井人员异常行为识别研究[D].徐州：中国矿业大学，2023.

[52] 刘媛媛.L公司发展战略研究[D].济南：山东大学，2023.

[53] 祁康敏.山西LH煤化集团发展战略研究[D].呼和浩特：内蒙古财经大学，2023.

[54] 李勃瑶.智能化综采工作面三机协同运行决策关键技术研究[D].徐州：中国矿业大学，2023.

[55] 张文钊."双碳"背景下Y煤矿安全设备公司竞争战略研究[D].天津：河北工业大学，2022.

[56] 李伟良.煤矿智能化综采工作面安全评价研究[D].北京：北京交通大学，

2022.

[57] 顾士成.矿井局部通风机智能化管控技术研究[D].淮南:安徽理工大学, 2022.

[58] 段明东.煤矿大数据管理平台的设计与实现[D].西安:西安电子科技大学,2022.

[59] 秦一帆.面向煤矿产业的智能算法开发管理平台的设计与实现[D].西安:西安电子科技大学,2022.

[60] 程思杰.我国智能煤矿发展的政策研究[D].北京:中共中央党校,2022.

[61] 张惠君.复杂条件下智能化综采工作面参数分段组合优化研究[D].太原:太原理工大学,2022.

[62] 徐泽阳.煤炭企业智能化技术选择研究[D].太原:太原理工大学,2022.

[63] 李妙慧.新生代矿工工作满意度对安全绩效的影响研究[D].太原:太原理工大学,2022.

[64] 闫俊豪.矿山车联网计算迁移关键技术研究[D].焦作:河南理工大学,2022.

[65] 蒋成龙.基于三维监控模型的通风参数监测优化与通风系统故障溯源研究[D].淮南:安徽理工大学,2022.

[66] 尚可.基于BIM+GIS的煤矿建设项目施工安全风险管理研究[D].徐州:中国矿业大学,2022.

[67] 王陈.井下无人驾驶无轨胶轮车自主建图与导航技术研究[D].徐州:中国矿业大学,2022.

[68] 郝建伟.多永磁电机直驱带式输送机自抗扰协同控制策略研究[D].徐州:中国矿业大学,2022.

[69] 付钰婷.BIM应用对煤矿建设管理者安全公民行为的作用机制研究[D].徐州:中国矿业大学,2022.

[70] 路绪良.液压支架支护位姿自主控制关键技术研究[D].徐州:中国矿业大学,2022.

[71] 崔玉明.煤矿巷道掘进机视觉/惯性融合自主定位关键技术研究[D].徐州：中国矿业大学，2021.

[72] 张弛.河南省煤矿企业安全生产信息化管理平台构建与应用研究[D].郑州：郑州大学，2021.

[73] 李长勇.晋邦德矿智能工作面运行安全可靠性研究[D].徐州：中国矿业大学，2021.

[74] 霍昱名.厚煤层综放开采顶煤破碎机理及智能化放煤控制研究[D].太原：太原理工大学，2021.

[75] 景宁宁.煤矿智能应用云服务平台的设计与实现[D].西安：西安电子科技大学，2021.

[76] 李添翼.基于BIM的矿山建设工程施工进度风险管理研究[D].徐州：中国矿业大学，2021.

[77] 谢厚抗.无人驾驶无轨胶轮车多传感信息融合与智能感知技术研究[D].徐州：中国矿业大学，2021.

[78] 邓涛.滨湖煤矿薄煤层智能化开采技术体系及应用研究[D].徐州：中国矿业大学，2021.

[79] 孙凯旋.塔山矿智能化放顶煤工作面生产系统安全评价[D].焦作：河南理工大学，2021.

[80] 尚俊剑.车集煤矿智能化工作面超前段锚索加强支护技术研究[D].徐州：中国矿业大学，2021.

[81] 苏宸.SA煤炭公司智能化安全管理应用研究[D].北京：北京交通大学，2020.

[82] 李昱.智能煤矿建设条件适宜性评价及多方案决策方法[D].徐州：中国矿业大学，2022.

[83] 张书翰.淮南潘二煤矿110kV变电站智能化改造设计[D].合肥：合肥工业大学，2020.

[84] 梁敏富.煤矿开采多参量光纤光栅智能感知理论及关键技术[D].徐州：

中国矿业大学，2019.

[85]　周琳琳. 煤矿大型设备智能化点检系统的研究与实现 [D]. 徐州：中国矿
　　　业大学，2016.